MATERIAIS DE CONSTRUÇÃO
PARA GOSTAR E APRENDER

Materiais de Construção: Para Gostar e Aprender. Grubba,

C. R. P. David. 2ª Edição. *Createspace*, 2016.

ISBN 978-15-3028-891-5 (US)

Agradecimentos

Ao Senhor Jesus e

à minha família

Índice

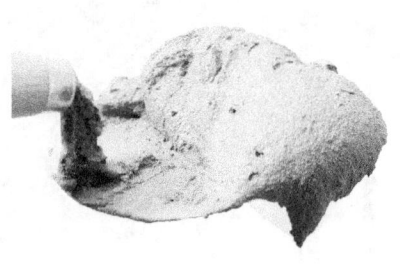

Índice

1

Introdução

Segundo a Sociedade Americana de Engenheiros Civis, a *Golden Gate Bridge* é considerada uma das Sete Maravilhas do Mundo Moderno.

Fonte: Canstock

Você sabe dizer o que casas, prédios, ferrovias, pontes, viadutos, barragens, aeroportos, metrôs e portos têm em comum?

Independente do tipo de obra, os materiais de construção básicos utilizados são praticamente os mesmos (cimento, areia, brita, concreto, aço, etc.). Veja alguns exemplos a seguir.

Foto: Canstock

Burj Khalifa

Ao longo de seus 163 andares (828 m), o Burj Khalifa consumiu 330 mil m³ de **concreto**, 55 mil toneladas de **aço** e 28 mil painéis de **vidro**.

Foto: Canstock

Itaipu Binacional

Em um único dia, no pico da obra, foram lançados cerca de 7 mil m³ de **concreto**, o equivalente ao volume de 900 caminhões betoneira. O total de concreto consumido superou 12 milhões de m³.

Ferrovia Norte Sul

As obras da Ferrovia Norte Sul consumiram mais de 2,5 milhões de dormentes de **concreto**, 170 mil toneladas de **aço** para os trilhos e 3,5 milhões de m³ de **brita** para o lastro.

Foto: Elaboração Própria

O estudo desta disciplina deve ser uma constante na sua vida profissional

Para conseguir projetar e construir grandes obras (como as exemplificadas) ou pequenas construções, é necessário que você conheça profundamente o comportamento dos **Materiais de Construção**. Com isso, você poderá escolher o melhor material para cada caso, garantindo segurança, solidez, durabilidade e economia ao empreendimento.

Para tanto, espero poder contribuir um pouco com o seu aprendizado. Ao longo do livro, vamos conversar sobre vários materiais de construção, tais como: agregados, cimentos, concretos, argamassas, metais, materiais betuminosos, vidros, entre outros.

O maior destaque será dado ao concreto pelo fato de ser o segundo material mais consumido pelo homem, perdendo apenas para a água.

Bons estudos!

2
CONCEITOS BÁSICOS

Você já parou para pensar o porquê de empregarmos tantos materiais distintos no setor de construção?

Foto: Canstock

A grande variedade de materiais empregados ocorre porque cada tipo apresenta um conjunto diferente de **propriedades**. Apenas para citar alguns exemplos, o aço é resistente à tração, o alumínio é leve, o vidro é transparente e frágil, o concreto é resistente à compressão. Neste capítulo, comentaremos a respeito de algumas propriedades dos materiais e sobre outros assuntos introdutórios.

Fonte: Elaboração Própria

A partir do conhecimento das propriedades dos materiais, é possível escolher o melhor material para cada caso

1. INTRODUÇÃO

De forma figurativa, podemos falar que as propriedades dos materiais são parecidas com os traços de "personalidade". Semelhante às pessoas, alguns materiais são mais resistentes (suportam maiores tensões), enquanto outros são mais frágeis ou flexíveis.

As propriedades podem ser agrupadas em diversas classes, tais como: propriedades atômicas, químicas, elétricas, térmicas, magnéticas, mecânicas, tecnológicas, entre outras.

Neste capítulo, nós vamos abordar, de forma breve, algumas dessas propriedades, sendo dado maior destaque as mecânicas, ou seja, aquelas que definem o comportamento do material quando submetido a tensões e deformações.

Foto: Canstock

2. RESISTÊNCIA

A resistência mecânica de um material está correlacionada com a sua capacidade suportar tensões sem se romper.

Nós chamamos de **tensão** (σ) a divisão da força aplicada pela área de contato.

$$\sigma = \frac{For\varsigma a}{\acute{A}rea}$$

Cada material apresenta um limite de tensão que pode suportar. Quando a tensão aplicada supera a resistência, o material tende a romper. Diante disto, podemos falar que o valor da resistência mecânica é numericamente igual a tensão máxima que o material suporta antes da ruptura.

Quando a tensão aplicada supera a resistência, o material tende a romper

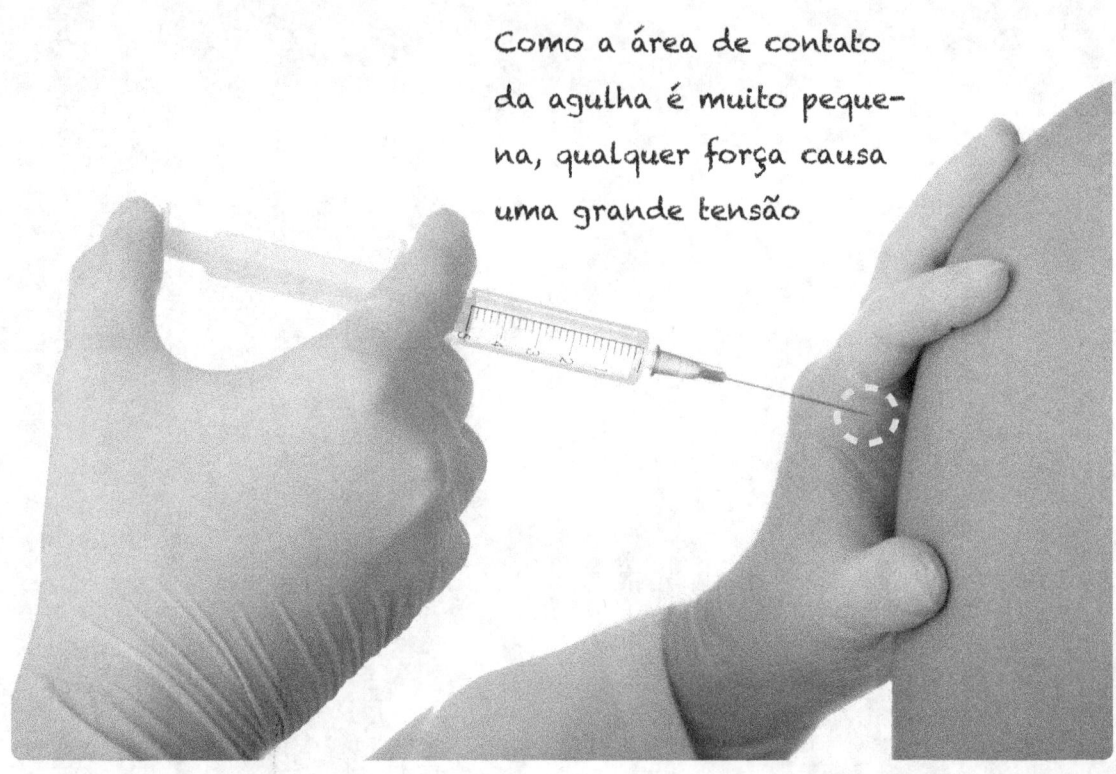

Como a área de contato da agulha é muito pequena, qualquer força causa uma grande tensão

Tensão = Força / Área

Vemos que quanto menor a área de contato, maior será a tensão gerada. Veja o exemplo da injeção

Para ficar mais fácil entender o conceito de tensão, imagine se a agulha de injeção possuísse o diâmetro de um dedo. A enfermeira não conseguiria furar a sua pele com facilidade. Mesmo se aplicasse uma grande força, a tensão não seria tão alta. No caso real, como a ponta da agulha tem uma área bem pequena, qualquer mínima força causa uma grande tensão, suficiente para perfurar a pele.

Como os "mágicos" não se machucam ao deitarem em camas cheias de pregos pontiagudos?

Não é mágica, é apenas física. Quanto mais pregos existem na cama, menos dor sente o indivíduo, pois a área de contato aumenta, e consequentemente, a tensão sob a pele diminui.

2.1. Unidades

O Pascal (Pa) é unidade de tensão do Sistema Internacional de Unidades. Um MegaPascal (MPa) é igual a 1 milhão de Pa. Outra unidade de tensão é o kgf/cm².

2.2. Ensaio

Para determinar a resistência mecânica de um determinado material, nós realizamos ensaios em corpos de prova.

Exemplo: Um corpo de prova de concreto de área transversal igual a 78,5 cm² rompeu com uma carga de 19625 kgf. Qual é a resistência (tensão de ruptura)?

$$\sigma = \frac{For\varsigma a}{\acute{A}rea} = \frac{19625}{78,5} = 250$$

A resistência à compressão do concreto foi de 250 kgf/cm² (25 MPa). Isto é, ele rompeu quando cada cm² foi comprimido com uma força de 250 kgf.

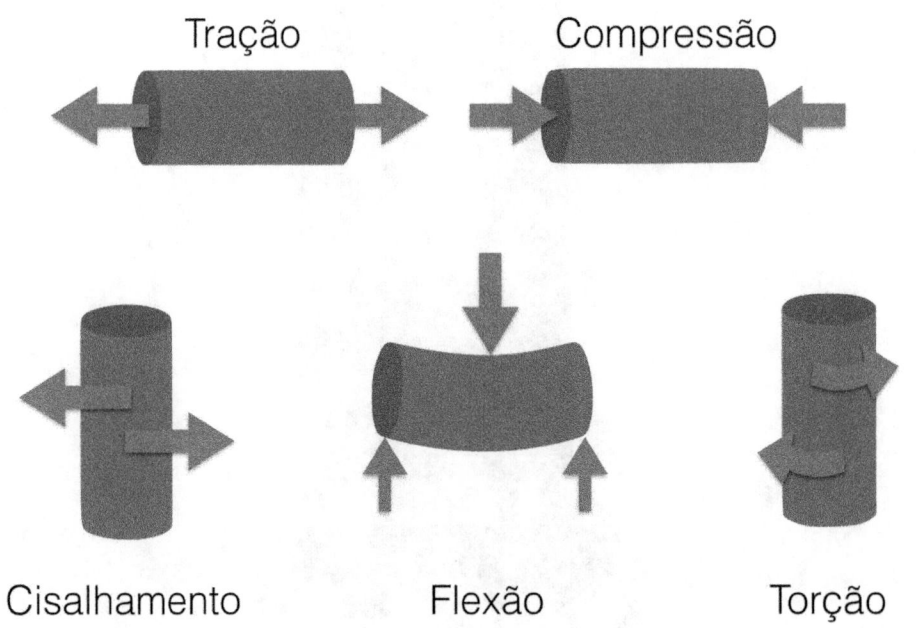

Tração   Compressão

Cisalhamento   Flexão   Torção

**Exemplo de tipos
de tensão**

2.3. Tipos de Tensão

Uma força pode ser aplicada num determinado objeto de diferentes formas, acarretando diversos tipos de tensão (tração, compressão, flexão, cisalhamento e torção).

Nós já vimos dois tipos de tensão: a corda sendo rompida à tração e o concreto sendo rompido à compressão. A tração e compressão são tensões chamadas de normais, pois agem perpendicularmente à área da seção transversal da peça.

A tensão de torção ocorre quando tentamos girar uma seção da peça sobre seu eixo.

A tensão de cisalhamento ocorre quando tentamos cortar um material. É um tipo de tensão tangencial.

A tensão de flexão ocorre, por exemplo, quando curvamos uma régua de plástico.

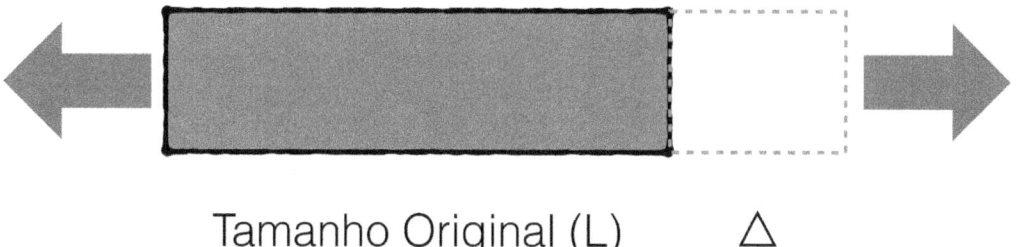

Tamanho Original (L)   △

Fonte: Elaboração Própria

As tensões causam deformações

3. DEFORMAÇÃO

Quando aplicamos uma tensão num determinado material, ele tende a se deformar. A forma da deformação varia conforme o tipo de tensão. Por exemplo, a tração causa um alongamento, enquanto a compressão provoca um encurtamento.

A relação entre a mudança de tamanho (**Δ**) e o tamanho original (L) é chamada de deformação. A deformação é adimensional, visto que dividimos duas unidades iguais.

$$\varepsilon = \frac{\Delta}{L}$$

Exemplo: Uma barra de 120 cm, submetida a uma tensão de tração, alongou 24 cm. Qual é o valor da deformação?

$$\varepsilon = \frac{24cm}{120cm} = 0,20$$

Ou seja, a barra deformou cerca de 20%.

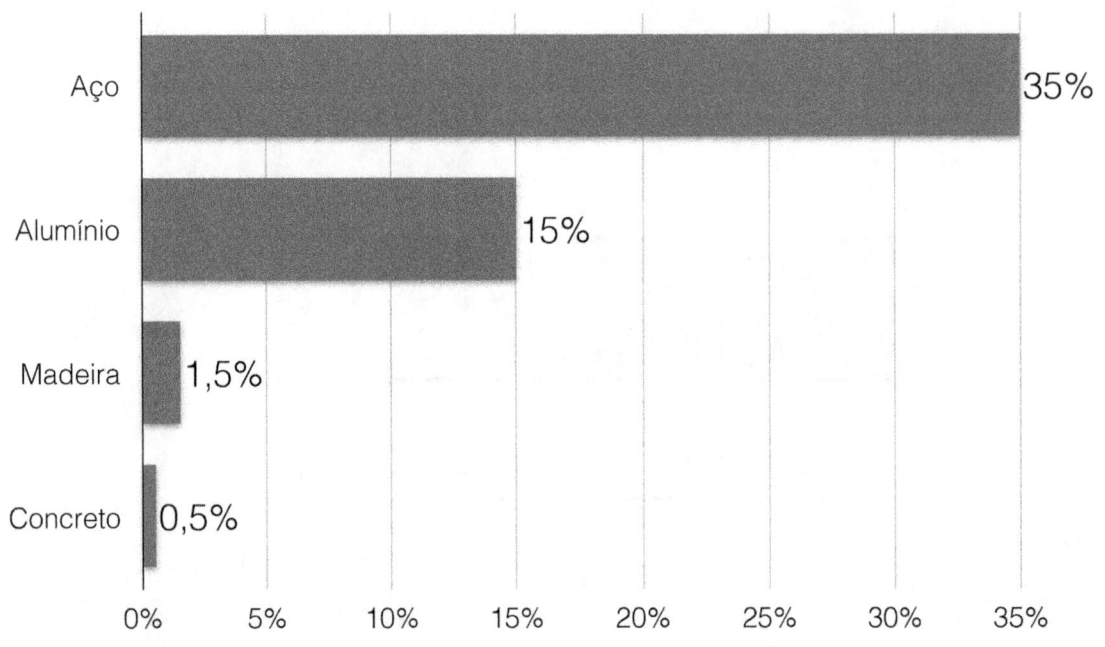

Aço 35%
Alumínio 15%
Madeira 1,5%
Concreto 0,5%

0% 5% 10% 15% 20% 25% 30% 35%

Adaptado: Mehta et al. (2012)

Ordem de grandeza das deformações últimas

3.1. Ductilidade e Fragilidade

Os materiais que se rompem após sofrerem grandes deformações são chamados de dúcteis. Já os que se fraturam com pouca deformação são chamados de frágeis.

Os metais apresentam, em geral, grande ductilidade. A deformação do aço pode chegar a cerca de 0,35 (35%). Por exemplo, uma barra de 100 cm de aço se rompe com uma deformação em torno de 35 cm.

No entanto, a maioria dos materiais de construção apresenta baixa ductilidade, ou seja, se rompem de forma frágil. Tijolos maciços, pedras e concretos tem uma deformação última que alcança cerca de 0,005 (0,5%). Desta forma, uma coluna de 100 cm de concreto, quando rompe, se deforma apenas cerca de 0,5 cm.

Barra de aço antes do ensaio de tração

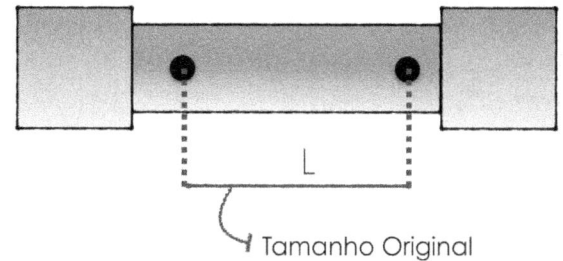

Tamanho Original

Deformação no momento da ruptura

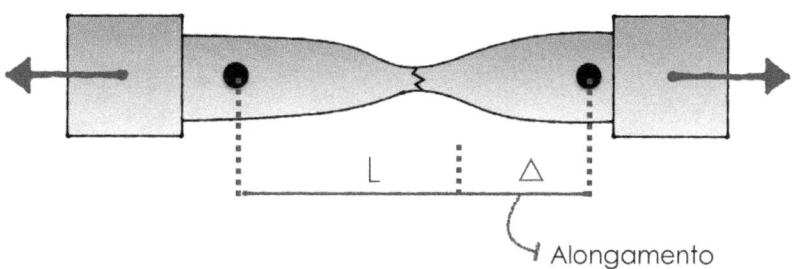

Alongamento

Fonte: Elaboração Própria

Deformação de uma barra de aço

O que você acha melhor para a estrutura de um prédio: um material pouco deformável na ruptura ou que se deforma mais?

No caso de materiais frágeis, que se deformam pouco na ruptura, como é o caso do concreto simples, a estrutura não dá nenhum sinal visual que irá entrar em colapso. Sua ruptura se dá de forma repentina, dificultando a tomada de medidas preventivas.

No caso de materiais dúcteis, como os metais, a ruptura é precedida de uma grande deformação, o que invoca a sensação de perigo iminente, permitido que sejam tomadas as atitudes necessárias.

O emprego de concreto armado (concreto reforçado com aço) apresenta um comportamento de ruptura menos frágil em função do emprego do aço.

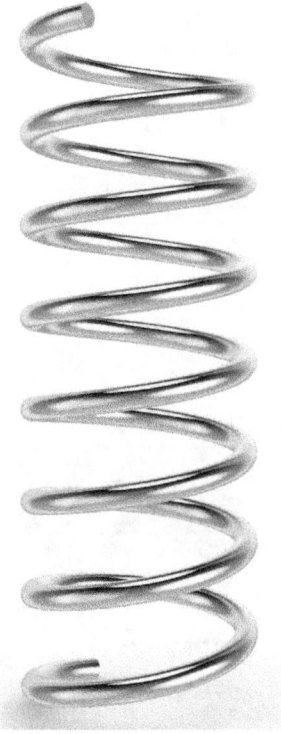

Foto: Canstock

3.2. Elasticidade e Plasticidade

Quando é aplicada uma força num material, ele se deforma. Agora o que ocorre quando a força é retirada?

Elasticidade é a capacidade de o material recuperar o tamanho original após a retirada da força.

Plasticidade, ao contrário da elasticidade, é a propriedade de o material manter o seu estado deformado, mesmo depois de cessada a força.

Alguns materiais apresentam comportamento elástico, enquanto outros agem de forma plástica.

A mola é um exemplo clássico de corpo elástico. Quando aplicamos uma força, ela se deforma e quando retiramos o esforço, volta ao tamanho original. Porém, se ultrapassamos certo

Foto: Canstock

A argila ("barro") empregada pelo oleiro para fazer vasos é um exemplo de material plástico

limite de força, ou seja, esticarmos demais a mola, ela ficará deformada para sempre, isto é, apresentará uma deformação plástica.

Os materiais empregados em estruturas são dimensionados para permanecerem no estado elástico.

A fabricação de um vaso de argila ("barro") pelo oleiro é um exemplo clássico de plasticidade. Como o barro está úmido,

ele pode ser deformado, ou seja, moldado na forma desejada. Quando cessa a força, o formato do vaso permanece.

Outro bom exemplo de material plástico é o concreto. Por exemplo, ao pisarmos sobre uma superfície de concreto fresco, notamos que os nossos pés deformam a mistura e as nossas pegadas permanecem moldadas no concreto endurecido.

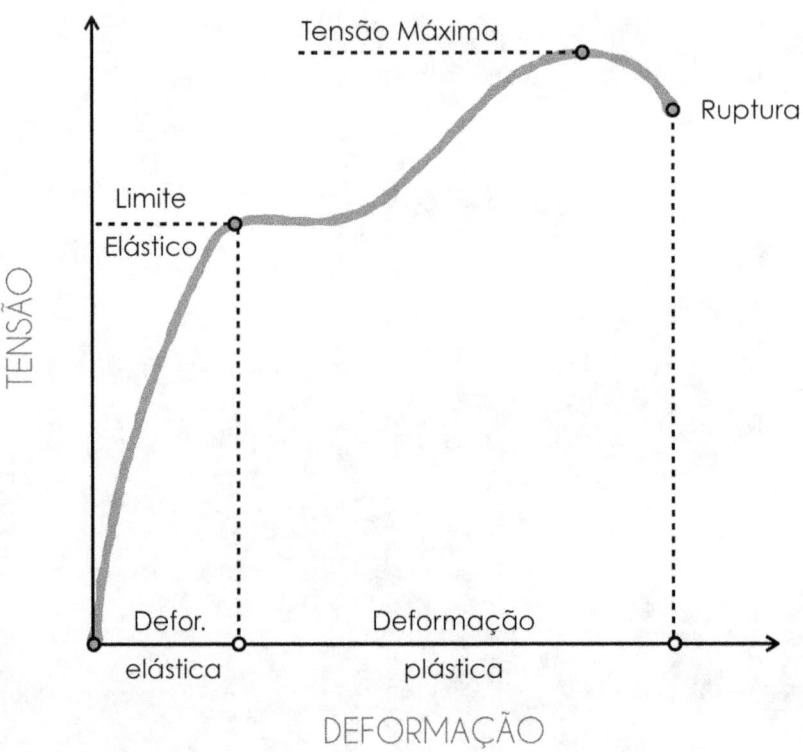

Fonte: Elaboração Própria

Diagrama Tensão - Deformação

Traçar o diagrama tensão deformação é uma ótima forma de avaliar o comportamento do material. No eixo horizontal, são representadas as deformações e no vertical, as tensões.

O diagrama acima é típico de uma barra de aço (maiores detalhes no Capítulo 12. Metais).

Por agora, é importante que você saiba que a relação entre a tensão e a deformação no sentido da força (dentro do limite elástico) é chamada de **Módulo de Elasticidade**.

$$E = \frac{Tensão}{Deformação}$$

Quanto maior o valor de E, mais rígido é o material, ou seja, mais tensão devemos aplicar para deformá-lo. Para materiais como a borracha, o valor do E é pequeno. Enquanto para o aço, o valor de E é gigantesco, mensurado em GPa (Giga Pascal = 10^9 Pa).

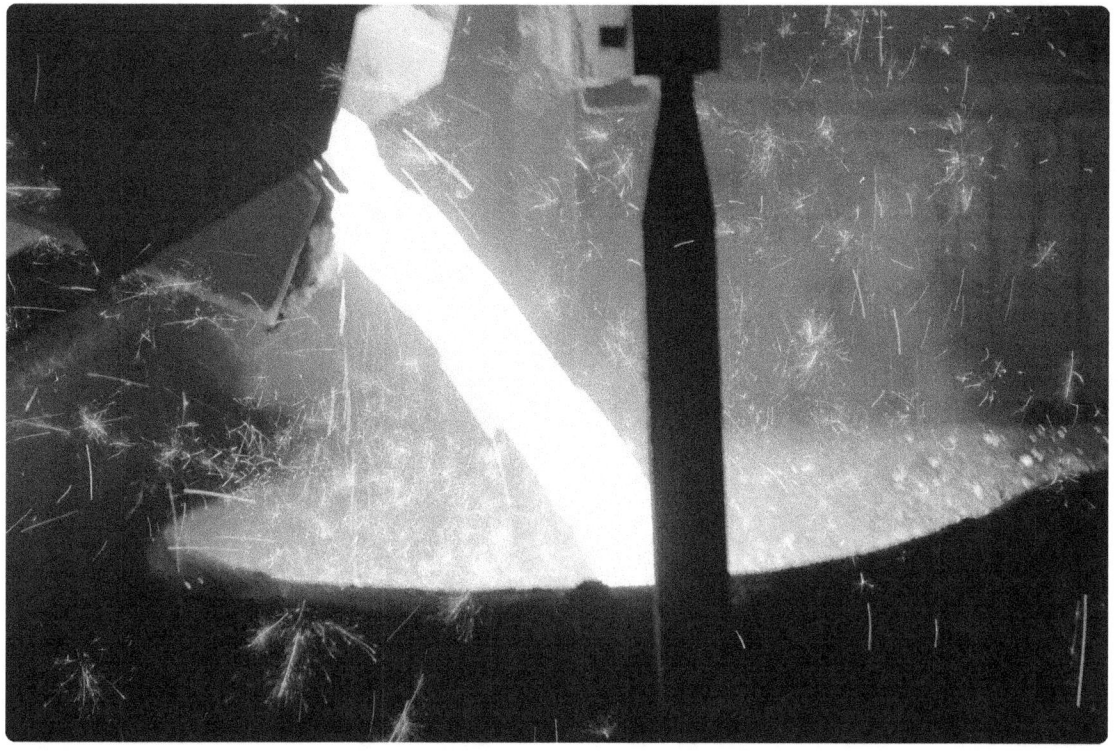

Foto: Canstock

Metal fundido

4. PROPRIEDADES TÉRMICAS

As propriedades térmicas determinam o comportamento dos materiais quando submetidos a variações de temperaturas. A seguir você relembrará alguns conceitos simples.

4.1. Ponto de Fusão

O ponto de fusão se refere a temperatura que um determinado material passa do estado sólido para o estado líquido.

Quando tratamos de metais, a determinação do ponto de fusão é de extrema importância. O alumínio, por exemplo, é fundido a aproximadamente 660 °C, enquanto o ferro necessita de uma temperatura muito maior, cerca de 1530 °C

Foto: Elaboração Própria

4.2. Dilatação Térmica

A dilatação térmica é propriedade de os materiais alterarem suas dimensões quando submetidos a variações de temperatura. Em função dessa propriedade, as estruturas prédios devem apresentar juntas, isto é, pequenos espaços que permitam a dilatação nos dias de calor, sem causar esforços de tração nas áreas adjacentes.

No caso de calçadas, pisos e revestimentos cerâmicos também é muito importante prever juntas de dilação para evitar o surgimento de trincas.

4.3. Condutividade

Alguns materiais são bons condutores de calor, como os metais, outros são péssimos (isolantes), como por exemplo, a borracha e o isopor.

O volume da pedra é igual ao volume do líquido deslocado

5. MASSA ESPECÍFICA

A massa específica é uma propriedade física muito importante. Ela mede o quão denso é um determinado material.

A massa específica é a relação entre a massa do material e o volume que ele ocupa.

$$\gamma = \frac{Massa}{Volume}$$

A massa pode ser medida por meio de uma balança.

O volume de um objeto regular (prisma, cubo, etc.) pode ser calculado facilmente. Já o volume de um objeto irregular é menos fácil mensurar. Um método é colocar o corpo dentro de um recipiente com água e verificar a variação de volume (volume de fluído deslocado).

A massa específica é expressa, geralmente, nas unidades: g/

cm³, kg/dm³ ou ton./m³. Essas unidades são numericamente equivalentes, ou seja:

$$1 \text{ g/cm}^3 = 1 \text{ kg/dm}^3 = 1 \text{ ton./m}^3$$

Exemplo: Uma amostra de areia seca de massa igual a 500 g foi colocada num recipiente com 200 cm³ de água. O volume da mistura de água com areia alcançou o valor de 390 cm³. Qual é a massa específica da areia?

$$\gamma = \frac{Massa}{Volume} = \frac{500}{390 - 200} = 2,63$$

A massa específica dessa areia é igual 2,63 g/cm³.

A título de ordem de grandeza, a próxima tabela mostra as massas específicas aproximadas de alguns materiais em condições normais de temperatura e pressão.

Material	Massa específica (g/cm³)
Água	1,0
Areia e brita	2,6
Cimento Portland	3,0
Concreto Convencional	2,2 a 2,4
Aço	7,8
Alumínio	2,6
Asfalto	2,2
Isopor	0,2
Chumbo	11,3

6. PROPRIEDADES QUÍMICAS

Ao contrário do que ocorrem com as propriedades físicas, as propriedades químicas são marcadas por mudanças na composição do material, ou seja, uma substância se transforma em outra(s).

A **combustibilidade** é um exemplo de propriedade química. Alguns materiais apresentam essa propriedade, como por exemplo, a gasolina, enquanto outros não a possuem, a exemplo da água.

Outra propriedade química é a **corrosão**. O ar, auxiliado pela água, pode destruir o ferro e o aço, ou seja, alguns dos materiais mais fortes empregados na construção civil.

Em poucas palavras, o ferro e o aço, sem proteção, quando expostos ao ar, oxidam ("enferrujam"). Este processo é acelerado pela presença de água ou umidade. O óxido de ferro (ferrugem) assume uma coloração avermelhada.

Nas áreas afetadas pela ferrugem, o metal começa a perder densidade (expandir) e se esfarelar da superfície para o centro, iniciando um **processo corrosivo**, que se não for contido, pode levar à degradação total do aço.

Concreto armado com barras de aço corroídas

De forma bem simples, a palavra corroer significa roer aos poucos e destruir progressivamente. A corrosão das barras de aço presentes no concreto armado causa uma série de danos à resistência, durabilidade e segurança da estrutura.

Com a expansão do aço oxidado, são geradas tensões de tração no concreto que podem provocar sua fissuração ou até o destacamento de partes da superfície do concreto, expondo ainda mais o aço ao ambiente. Além disso, a oxidação leva ao aparecimento de manchas avermelhadas na superfície, a diminuição da aderência das barras com a massa de concreto e a redução da área de aço resistente, podendo causar o colapso da estrutura.

Para evitar os efeitos danosos da corrosão, é importante que sejam tomados diversos cuidados no projeto e na execução da obra.

Foto: Cortesia N. Massukawa

Vista de um laboratório de campo

7. ENSAIOS DE LABORATÓRIO

Como nós podemos conhecer as propriedades dos materiais de construção? Como nós podemos saber se um material é adequado para determinado uso?

Quando estamos com algum problema de saúde, o médico nos prescreve alguns exames que devemos fazer em laboratórios especializados. Depois, com-para os resultados com os valores padrões. Por fim, com base em todo conhecimento teórico e prático, o médico dá o diagnóstico.

Com os materiais de construção acontece exatamente a mesma coisa. Quando queremos saber se um material é adequado para determinado uso, realizamos ou encomendamos a execução de ensaios laboratoriais que medem as propriedades físicas, quí-micas ou tecnológicas do material. Posteriormente, comparamos os resultados com os valores especificados no projeto ou nas normas técnicas. Por último, damos o "diagnóstico" sobre a adequação do material ao uso pretendido.

Na maioria dos canteiros de obra, não são realizados todos os ensaios, nem seria lógico exigir isto. Nestes casos, o recomendado é que o engenheiro envie amostras para laboratórios especializados e avalie os laudos entregues. Já em obras de grande porte, como construções de rodovias, ferrovias e barragens, são montados laboratórios exclusivamente para analisar e atestar a qualidade dos materiais da obra.

Os ensaios e os materiais devem seguir a orientação das normas técnicas. No Brasil, a entidade oficial de normalização é a ABNT (Associação Brasileira de Normas Técnicas).

As normas da ABNT são designadas pela sigla NBR (Norma Brasileira) seguida de um número de ordem, do ano de publicação ou atualização e de seu título.

Veja o exemplo a seguir: ABNT NBR 7.211:2009 – *Agregados para concreto – Especificação*.

3
Agregados

Você deve dominar as propriedades dos agregados para poder aplicá-los de forma correta e econômica.

Foto: Elaboração Própria

Os agregados podem ser empregados para diversas finalidades, tais como: produção de argamassas, lastros de ferrovia, bases de pavimentos, revestimentos asfálticos e concretos.

Para você ter uma ideia da importância deste material, saiba que até 80% do volume do concreto pode ser constituído por agregados. A seguir falaremos sobre os vários tipos de agregados e suas propriedades.

Foto: Canstock

1. AREIA NATURAL

A areia natural é um tipo de agregado miúdo que pode ser originário de várias fontes. Quando encontrada em rios, é denominada de areia lavada. Quando extraída do subsolo, é chamada de areia de cava.

A extração do material, na maioria dos casos, é feita por meio de dragas e processos de escavação e bombeamento.

As fontes de areia natural estão cada vez mais distantes dos centros urbanos, acarretando muitas vezes que o custo do frete do produto seja superior ao valor do agregado.

É importante que você saiba que a areia de praia não pode ser empregada para confecção de concretos e argamassas por conta dos sais que contem.

2. CASCALHO

O cascalho é um tipo de agregado, com tamanho variável, encontrado sedimentado em rios.

Devido ao movimento da água, os grãos de cascalho rolam e perdem suas arestas (ficam arredondados) em função do atrito com o fundo do rio e com outros materiais.

Na figura, você pode notar que os grãos de cascalhos apresentam forma arredondada e textura bem lisa.

Os cascalhos podem ser empregados para confecção de concretos.

3. PEDRA BRITADA

A pedra brita é um agregado proveniente da diminuição de tamanho de uma rocha maior por meio explosivos e britadores.

O **processo de produção** da brita é relativamente simples. A rocha da jazida é desmontada por meio de explosivos. Caso os blocos de rocha fragmentados sejam muito grandes para serem transportados, eles são fragmentados por meio de rompedores. Após passarem pelos britadores, os agregados são movidos por esteiras e separados, com auxílio de peneiras, em diferentes faixas de tamanhos.

As características dos agregados, como resistência e abrasão, são determinadas pelas propriedades da rocha de origem. Porém, o processo de produção nas pedreiras pode afetar a qualidade dos agregados pela eliminação das camadas mais fracas da rocha.

Brita 3

Brita 0

Adaptado de: Mineração Santiago

A figura ilustra amostras de Brita 0 e Brita 3

O material britado pode ser classificado segundo o tamanho dos seus grãos em 5 graduações, denominadas em ordem crescente de tamanho: **brita 0, 1, 2, 3 e 4**.

Além das britas, existem outros termos que é importante que você conheça:

a) **areia britada** (também chamada de areia artificial): material com dimensão até 4,8 mm. Atualmente, várias concreteiras vem empregando essa areia em conjunto com a areia natural.

b) **bica primária** ou brita corrida: material que sai diretamente do britador, sem que seja feito o peneiramento.

c) **Rachão** ou pedra de mão: material com diâmetro médio superior a 76 mm, muito utilizado em aterros e camadas de colchão drenante.

Produção da Brita

Esquema simplificado - etapas principais

Desmonte da Rocha

Carregamento

Transporte

Britadores Secundário
Terciário

Bica corrida

Britador Primário

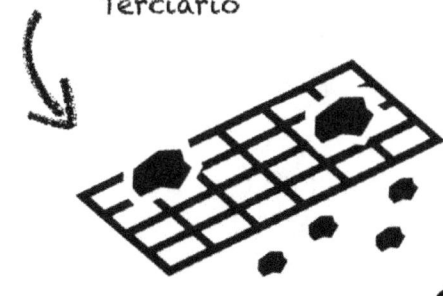

Peneiramento

Brita 3

Brita 0

Brita 1

Brita 2

Produção da Brita

Explosivo utilizado no desmonte da rocha

Britador Primário

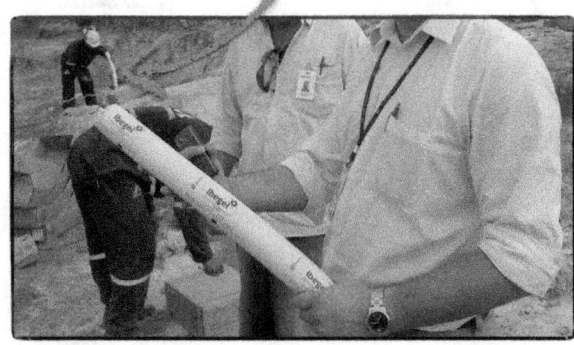

Bica Corrida

Esteira Transportadora

Britador Secundário

Separação dos agregados

Fotos: Reinaldo Cano e Rherman Radicchi

4. ARGILA EXPANDIDA

A argila expandida é um agregado leve que apresenta formato de bolinha cerâmica. Sua parte interna é formada por microporos e sua parte externa é constituída por uma casca rígida.

A argila expandida é obtida pela queima da argila natural em fornos cuja temperatura ultrapassa os 1000 ºC.

É usada para confecção de concretos leves e também para paisagismo. Além de sua leveza, a argila expandida é um excelente isolante térmico e acústico.

Os concretos leves serão abordados no Capítulo 8. Concretos Especiais.

5. VERMICULITA EXPANDIDA

A vermiculita é um tipo de mineral existente em abundância no Brasil. Quando aquecida, a vermiculita expande de forma considerável, transformando suas partículas em flocos sanfonados.

Os flocos de vermiculita apresentam células de ar aprisionado, por esse motivo se tornam leves e têm bom desempenho acústico e térmico.

A vermiculita é empregada para produção de argamassas e concretos leves.

6. CLASSIFICAÇÃO

Os agregados podem ser classificados quanto à **origem, massa específica ou dimensão**, conforme mostrado a seguir:

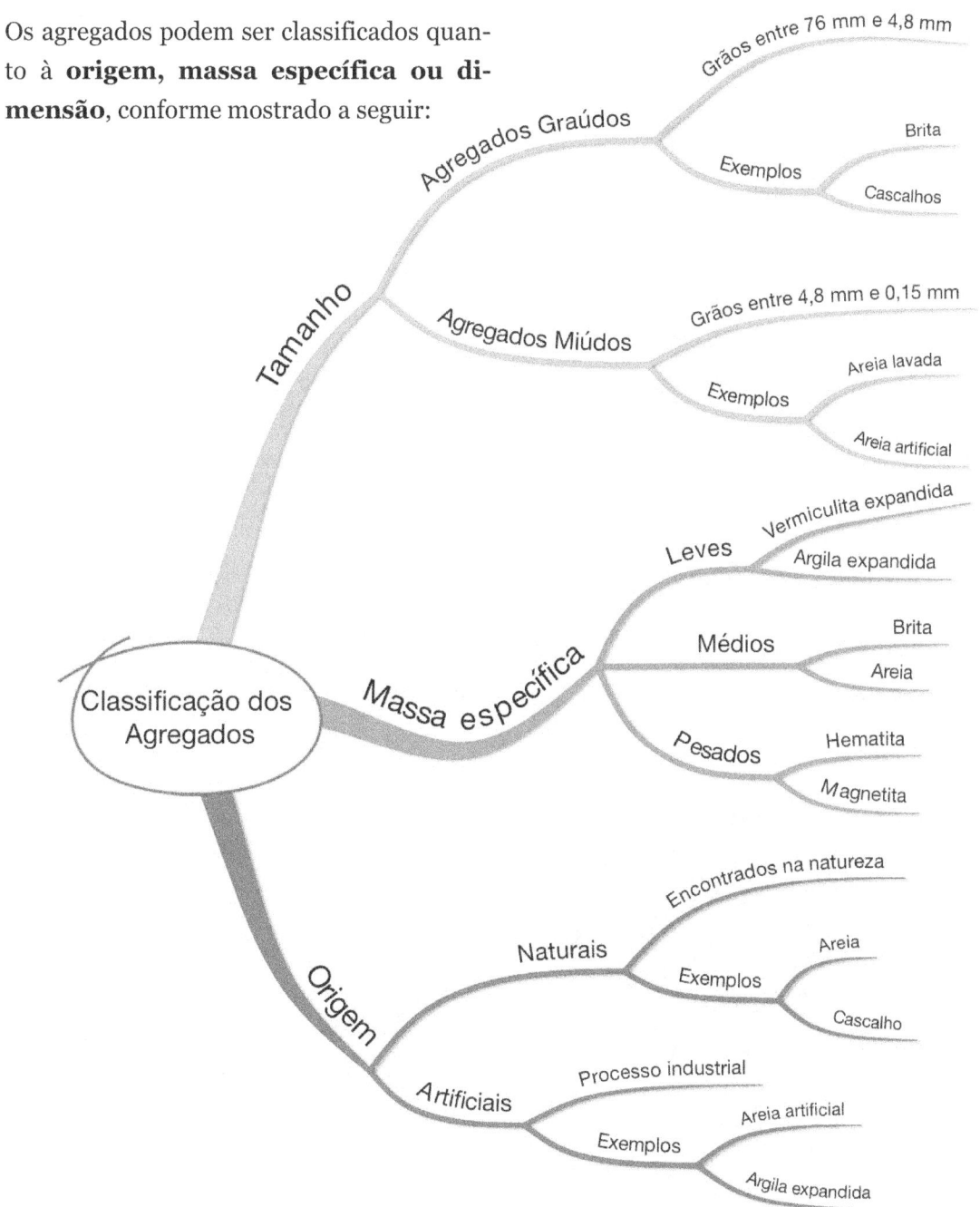

7. CARACTERIZAÇÃO

As características dos agregados influenciam de forma significativa no custo, resistência e durabilidade dos concretos e argamassas. Assim, é extremamente importante que você conheça bem o comportamento desses materiais. Para avaliar os agregados é necessário a realização de ensaios laboratoriais. A seguir serão descritos de forma breve alguns ensaios. Os detalhes da execução devem ser consultados nas normas específicas.

7.1. Ensaio de Peneiramento

A avaliação das dimensões dos agregados é de extrema importância. Para isso usamos uma série de peneiras. O ensaio pode ser feito de forma manual ou com o auxílio de agitadores mecânicos.

Exemplo de peneira (observe a abertura da malha)

Foto: Elaboração própria

As normas definem duas séries de peneira, uma chamada normal e outra com valores intermediários à normal.

Conjunto de peneiras das séries normal e intermediária (valor da abertura nominal da malha da peneira em mm)

Série Normal	Série Intermediária
76 mm	64 mm
38 mm	50 mm
19 mm	32 mm
9,5 mm	25 mm
4,75 mm	12,5 mm
2,4 mm	6,3 mm
1,2 mm	-
0,6 mm	-
0,3 mm	-
0,15 mm	-

Fonte: Norma DNER-EM-038/97

Vamos ver se a sua memória está boa. Você conseguiu decorar todas as peneiras da série normal? Não? É fácil. A abertura da primeira peneira (76 mm) dividida por 2 é igual à abertura da segunda (38 mm), e assim por diante, até chegar a última peneira (peneira de 0,15 mm).

Além dessas peneiras, existem outras especiais, a exemplo da peneira #200, que tem abertura nominal de 0,075 mm. O material que passa por essa peneira é chamado de material pulverulento ou filler.

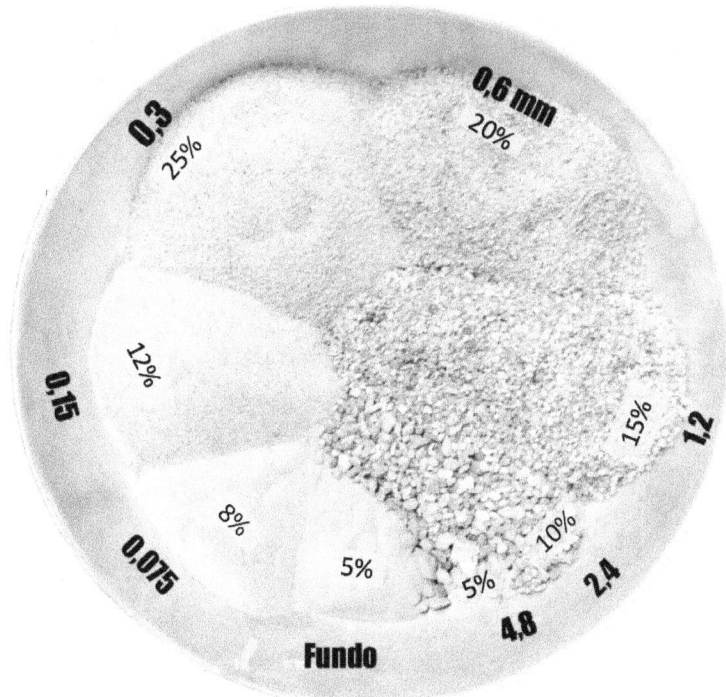

Foto: Elaboração própria

7.1.1. Granulometria

Granulometria é o processo que avalia os tamanhos dos agregados. Essa avaliação é muito importante para entender o comportamento de concretos e argamassas.

O procedimento é simples. Depois que o agregado é peneirado, nós pesamos a fração retida em cada peneira e calculamos o percentual dessa massa retida em relação à massa total de agregado.

Podemos também calcular a porcentagem retida acumulada e a porcentagem que passa por cada peneira (% passante).

Com o resultado, nós desenhamos um gráfico que correlaciona o diâmetro dos grãos (abertura das peneiras) com a porcentagens que passam pela peneira. Veja a seguir como é calculada a granulometria e desenhada a curva.

Granulometria de uma Areia

Peneira (mm)	Massa Retida na peneira (g)	% Retida na Peneira	% Retida Acumulada	% Passante
Resultado do Ensaio		$\frac{100 \times \text{Massa Retida}}{\text{Massa Total}}$		100% − % Retida Acumul.
4,8	0	0	0	100,0%
2,4	230	20,9%	20,9%	79,1%
1,2	280	25,5%	46,4%	53,6%
0,6	220	20,0%	66,4%	33,6%
0,3	180	16,4%	82,7%	17,3%
0,15	190	17,3%	100,0%	0,0%
Total	1.100	–	–	–

Exemplo

Curva Granulométrica

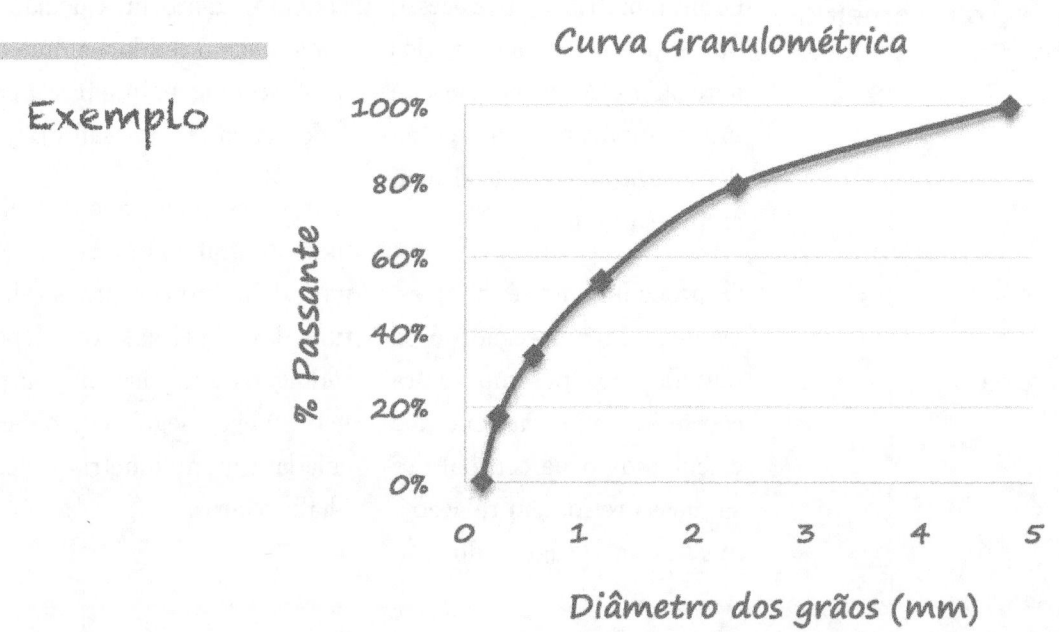

Fonte: Elaboração própria

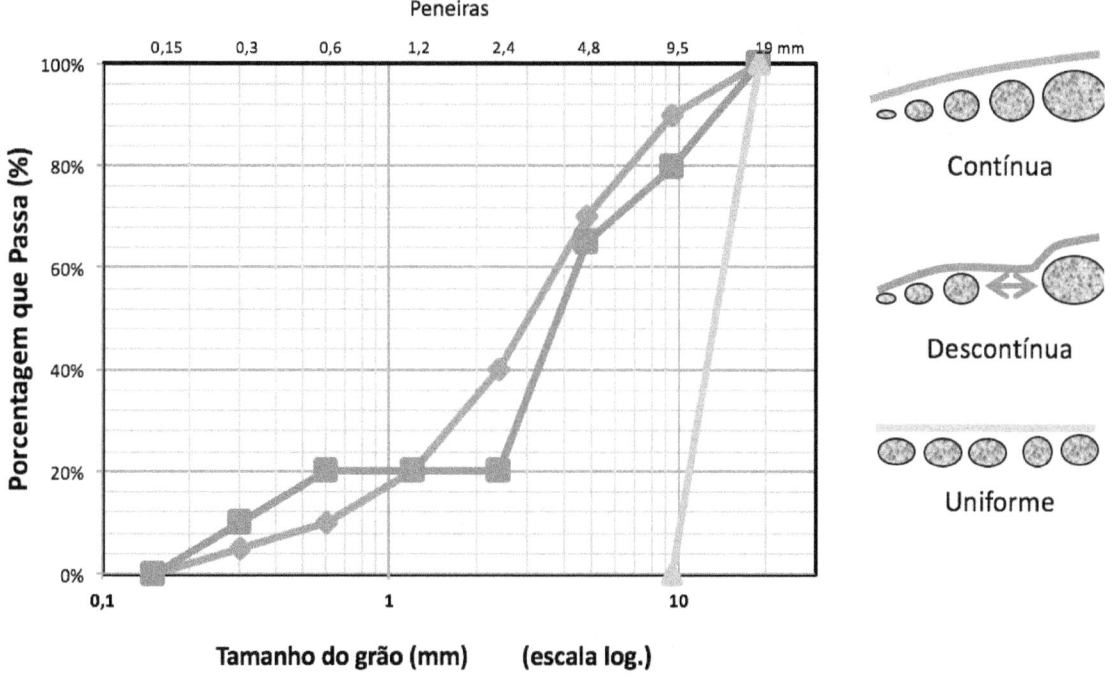

Fonte: Elaboração própria

A figura mostra três curvas granulométricas distintas

Para facilitar a visualização das menores aberturas de peneiras (diâmetros de agregados menores), é comum usarmos a escala logarítmica no eixo horizontal da curva granulométrica.

Com base na curva granulométrica, podemos avaliar se a distribuição dos grãos é contínua, descontínua ou uniforme.

O que você acha que é melhor para confecção de concretos: agregados com grande varia-ção de tamanho (curva contínua) ou apenas poucos tamanhos (curva uniforme)?

A próxima figura ilustra duas seções de um concreto. A primeira com agregados mal graduados e a segunda com agregados bem graduados. A parte cinza representa a pasta de cimento e a parte branca os agregados.

Influência da graduação dos agregados

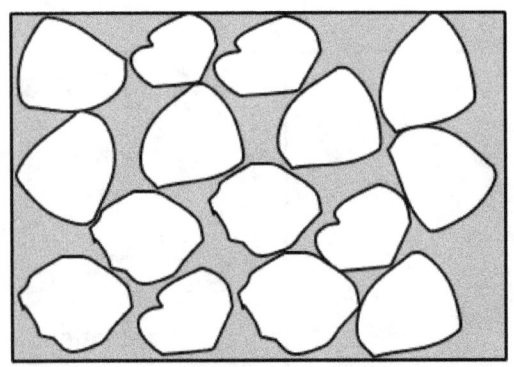

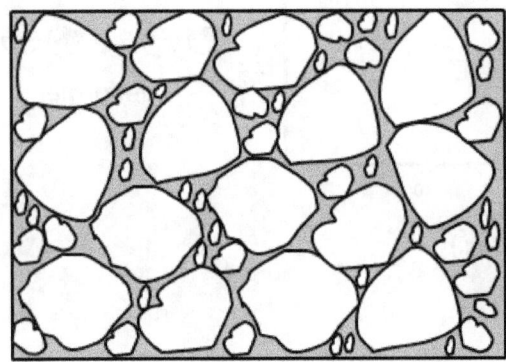

Fonte: Elaboração própria

Para confecção de concretos, o emprego de agregados mal graduados acarreta a necessidade de consumir mais cimento, encarecendo o produto.

7.1.2. Módulo de Finura (MF)

O módulo de finura pode ser obtido do ensaio de peneiramento. Ele serve para classificar os agregados miúdos em: finos, médios ou grossos. Além disso, é empregado como parâmetro em alguns métodos de dosagem do concreto.

Classificação das areias segundo o MF

Tipos	Módulo de Finura (MF)	Utilização
Areia grossa	MF > 3,3	Chapisco e Concreto
Areia média	2,4 < MF < 3,3	Emboço e Concreto
Areia fina	MF < 2,4	Reboco

Fonte: Ribeiro et al. (2011)

O cálculo do módulo de finura é bem simples, basta somar os valores da coluna porcentagem retida acumulada e dividir o resultado por 100. Porém, só entram no cálculo as linhas das peneiras da série normal.

Exemplo: Cálculo do MF

Peneira	% Retida	% Retida Acumulada
4,8	0	0
2,4	20	20
1,2	30	50
0,6	50	100
0,3	0%	100
0,15	0%	100
	Somatório	370
	M.F.	3,7

No nosso exemplo, areia apresentou um MF = 3,7. Com base na primeira tabela, vemos que ela corresponde a uma areia grossa. Quando mais grossa for a areia, maior será o valor do seu módulo de finura.

Foto: Cimentos Itambé

7.2. Forma dos grãos

De acordo a forma, os agregados podem ser classificados em arredondados, angulosos ou lamelares.

Agregados formados por atrito são mais arredondados em função da perda de vértices e arestas. Por exemplo, a areia de rio e o cascalho têm formas bem arredondadas. Já as pedras britadas apresentam formas mais angulosas, com vértices bem definidos.

A forma dos grãos influencia nas propriedades do concreto. Os grãos arredondados produzem misturas de concretos mais fáceis de serem misturadas, reviradas e adensadas. Já o emprego de grãos lamelares produz concretos com menor resistência e com maior consumo de cimento.

47

Fonte: Elaboração própria

7.3. Abrasão Los Angeles

Todos os materiais desgastam, os agregados não são exceção. A resistência do agregado ao desgaste abrasivo pode ser determinada por meio do ensaio de Abrasão Los Angeles.

De forma resumida, podemos dizer que o ensaio consiste em colocar uma massa de agregado junto com uma carga abrasiva (esferas metálicas) dentro do tambor mostrado na figura. As massas do agregado e das esferas são definidas em nor-ma. Em seguida, a máquina é ligada e o tambor gira centenas de vezes (500 ou 1000 rotações) a uma velocidade de 30 a 33 RPM, provocando o impacto repetido dos agregados contra o tambor, contra as esferas e contra os outros grãos, gerando um intenso desgaste.

O desgaste é expresso pela porcentagem, em massa, do material que passa (após o ensaio) pela peneira de malha quadrada de 1,7 mm (ABNT nº 12).

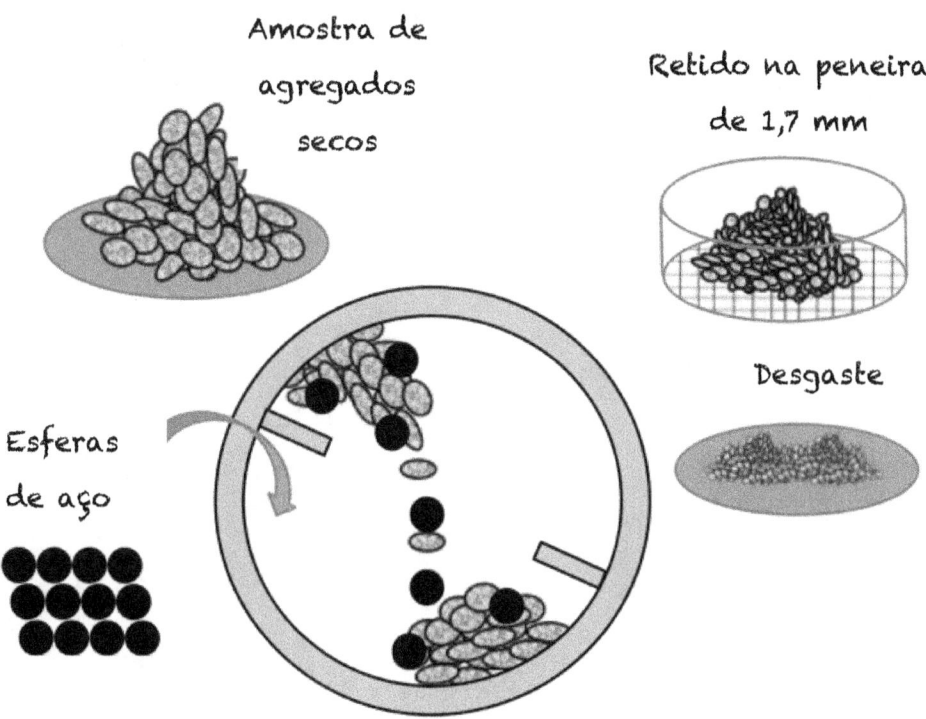

Amostra de agregados secos

Esferas de aço

Retido na peneira de 1,7 mm

Desgaste

Esquema que ilustra a o ensaio de Abrasão Los Angeles

A abrasão (LA) é dada pela razão percentual entre o desgaste e a massa inicial, conforme mostrado na equação a seguir:

$$LA = \left(\frac{m_{inicial} - m_{retida}}{m_{inicial}} \right) \times 100\%$$

O desgaste à abrasão Los Angeles deve ser **inferior a 50%** para o emprego do agregado na confecção de concretos.

Exemplo: A massa inicial colocada na máquina foi de 5 kg. O material retido na peneira de 1,7 mm foi de 2 kg (massa final). Qual é o valor da abrasão Los Angeles?

Nesse caso, o desgaste foi de 60%. Assim, esse agregado não poderia ser utilizado para produção de concretos.

7.4. Massa Específica

Conforme comentado anteriormente, a massa específica é a relação entre a massa do material pelo seu volume. No caso do agregado miúdo, ela é avaliada por meio do Frasco de Chapman. O ensaio é simples. Primeiro, colocamos 200 ml (cm³) de água no frasco. Em seguida, acrescentamos 500 g de agregado miúdo seco em estufa. Agitamos o frasco para expulsar as bolhas de ar. Por fim, medimos o nível atingido pela mistura água-agregado miúdo no frasco (L). A massa específica (γ) pode ser calculada com a equação a seguir:

$$\gamma = \frac{500}{L - 200}$$

Exemplo: A leitura no Frasco de Chapman foi de 390 ml (cm³), calcule o valor da massa específica:

$$\gamma = \left(\frac{500}{390 - 200} \right) = 2,63 g/cm^3$$

7.5. Massa Unitária

A determinação da massa unitária (M_u) é uma variação do ensaio de massa específica. Consiste na relação entre a massa dos grãos e o <u>volume do recipiente</u>:

$$M_U = \frac{M_{grãos}}{V_{recip.}}$$

O ensaio é simples. Primeiramente, colocamos o agregado com cuidado, sem adensar, num recipiente de volume conhecido ($V_{recip.}$) até enchê-lo.

Em seguida, pesamos a massa do agregado.

Ao contrário do ensaio anterior, o ensaio de massa unitária considera os vazios entre os grãos.

Exemplo: Calcule a massa unitária, considerando que para encher o recipiente padrão de 15 litros (15 dm³), nós usamos 21 kg de areia.

$$M_U = \frac{21}{15} = 1,40 kg/dm^3$$

A massa unitária permite o cálculo da massa a partir do volume solto e vice-versa

Geralmente, as massas unitárias de britas e areias variam de 1,4 a 1,5 g/cm³.

Exemplo: Um caminhão basculante, com capacidade de 10 m³, foi carregado com uma areia cuja massa unitária é igual a 1,4 ton./m³. Calcule a massa de areia que o caminhão está transportando.

R. Multiplicando o volume pela massa unitária, temos que a massa de areia é equivalente a 14 toneladas.

De acordo com Mehta e Monteiro (2008), "*o fenômeno da massa unitária surge porque não é possível empacotar as partículas de agregado juntas de modo a não deixar espaços vazios entre elas.*"

7.6. Teor de Umidade

A umidade (h%) é dada pela relação entre a massa de água e a massa seca do agregado. Onde m_h é massa úmida e m_s é massa seca.

$$h = \left(\frac{m_h - m_s}{m_s} \right) \times 100\%$$

Ex. A massa de uma areia úmida foi de 300g e a massa seca alcançou o valor de 250g. Qual é o valor da umidade?

R. h = 20%.

Quando a areia está úmida, é necessário corrigir a quantidade de água de amassamento empregada para produção do concreto, sob pena de redução de resistência e durabilidade do concreto endurecido. Desta forma, é fundamental determinar o teor de umidade do agregado. Em usinas de concreto, o ensaio de teor de umidade é realizado cerca de 6 vezes ao dia.

7.6.1. Método da Estufa

A utilização de uma estufa é o método mais preciso determinar a umidade do agregado.

O ensaio é simples. Basta colocar o agregado úmido na estufa a 110º C e deixar o tempo necessário para que toda água evapore. De tempos em tempo, você deve pesar a amostra. Quando a massa permanecer a mesma em duas pesagens consecutivas, significa que toda a água evaporou e o material secou. Em geral, a permanência mínima é de 6 horas.

7.6.2. Método do Frasco de Chapman

O método do frasco de Chapman é mais rápido do que o da estufa, porém é menos preciso. É um procedimento muito usado em usinas de concreto (concreteiras).

Para estimar a umidade do agregado miúdo pelo Frasco de Chapman, precisamos já ter realizado o ensaio de massa específica (γ). O procedimento é praticamente igual ao realizado para o ensaio de massa específica, a diferença é que pesamos 500 g de agregado miúdo **úmido**. O resultado da umidade superficial do agregado é dado pela seguinte expressão:

$$h = \frac{500 - [(L - 200) \times \gamma]}{\gamma \times (L - 700)} \times 100\%$$

Ex.: A leitura (L) do frasco de Chapman para uma determinada areia úmida deu igual a 470 cm³. Considere o valor da massa específica calculada anteriormente (2,63 g/cm³). Qual é o valor da umidade superficial?

$$h = \frac{500 - [(420 - 200) \times 2,63]}{2,63 \times (420 - 700)} \times 100\%$$

$$h = \frac{-78,6}{-736,4} \times 100\% = 10,67\%$$

Ou seja, o teor de umidade superficial da areia é igual a 10,67%.

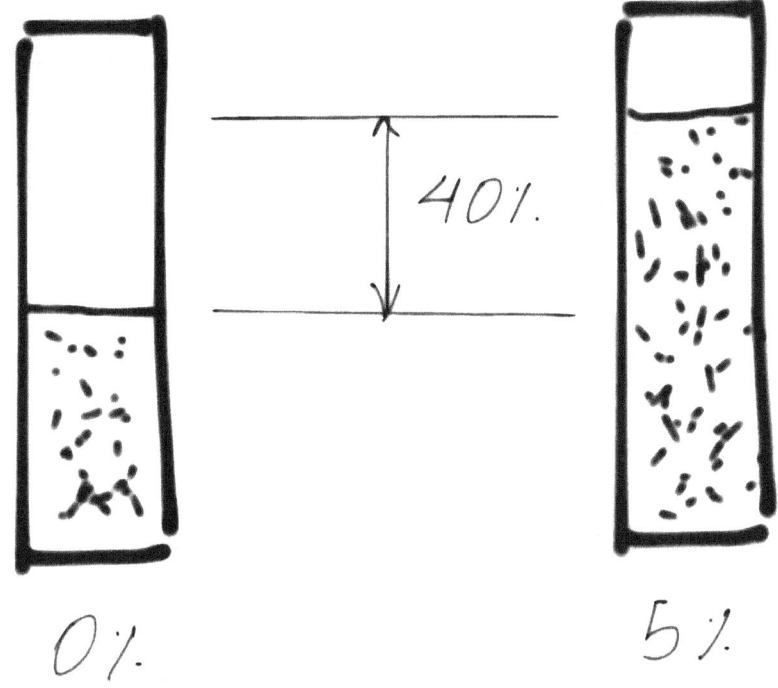

40%.

0%.   5%.

Fonte: Elaboração própria

7.7. Inchamento

Quando uma areia é umedecida, ela aumenta de volume. Isso ocorre devido ao afastamento entre os grãos provocado pela presença de água. A esse fenômeno é dado o nome de Inchamento.

Se o inchamento não for considerado na hora da dosagem do concreto em volume, a proporção dos materiais será significante alterada.

O inchamento pode aumentar o volume de um agregado miúdo (ex. areia) em cerca de 40% a 50%.

O inchamento não é uniforme. Ele varia em função do teor de umidade. Normalmente, o inchamento máximo ocorre para teores de umidade de 4 a 6%.

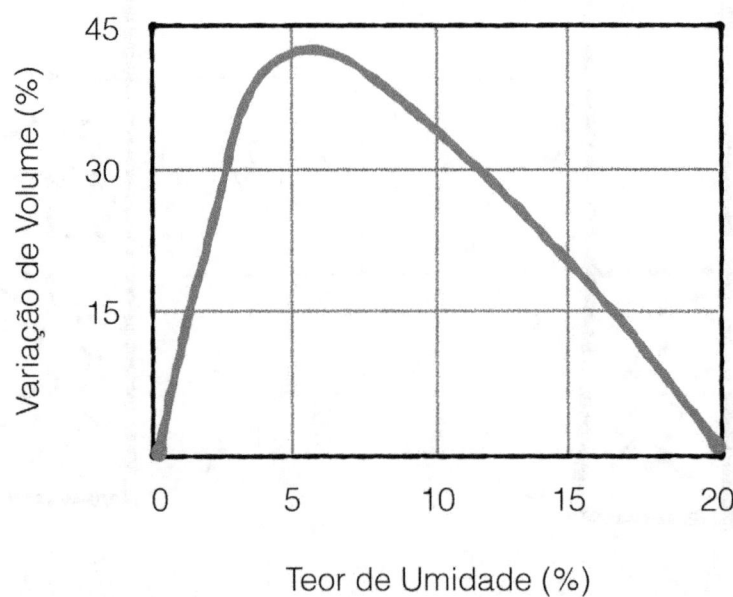

Variação de Volume (%)

Teor de Umidade (%)

Fonte: Elaboração própria

O inchamento de varia em função do teor de umidade

Conforme pode ser observado no gráfico, o inchamento é crescente para teores de umidade pequenos, apresentando seu valor máximo na umidade crítica e, em seguida, decresce. Para altos teores de umidade, quando o agregado miúdo fica saturado, a variação de volume é praticamente nula.

Além disso, destaca-se que quanto mais fino for o agregado miúdo maior será o aumento de volume em função do inchamento.

Depois de avaliar este ensaio, você deve concordar que nos casos que a areia é vendida em volume é melhor comprá-la seca ou saturada.

4

Cimento Portland

O Cimento Portland é o aglomerante mais consumido no mundo.

Foto: Elaboração própria

Os antigos romanos, provavelmente, foram os primeiros a empregar concretos confeccionados a partir de cimentos hidráulicos. Porém, durante um grande período esses cimentos ficaram em desuso, até que em 1824, o construtor inglês Joseph Aspdin inventou e patenteou o Cimento Portland.

Neste capítulo, nós vamos conversar um pouco sobre este importante material.

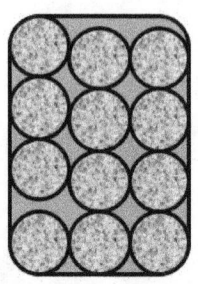

Agregados + Aglomerante
(com coesão)

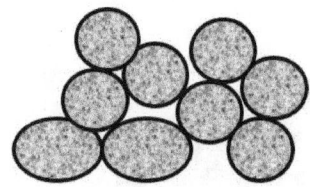

Agregados
(sem coesão)

Fonte: Elaboração própria

1. INTRODUÇÃO

Antes de adentrar propriamente no estudo do Cimento Portland, é importante que você entenda bem o que são aglomerantes.

Aglomerante pode ser definido como todo material capaz de unir fragmentos minerais entre si, de modo, a formar um todo compacto.

Os aglomerantes quimicamente ativos são divididos em dois grupos: aéreos e hidráulicos. Os aéreos endurecem com a ação do CO_2 presente no ar (ex. cal e gesso). Os hidráulicos endurecem na presença de água (ex. Cimento Portland).

O emprego de aglomerantes possibilita a construção de pavimentos asfálticos, pavimentos de concreto, estruturas de prédios, casas, pontes, viadutos, etc.

Lideres Mundiais na Produção de Cimento
(Milhões de Tonelada)

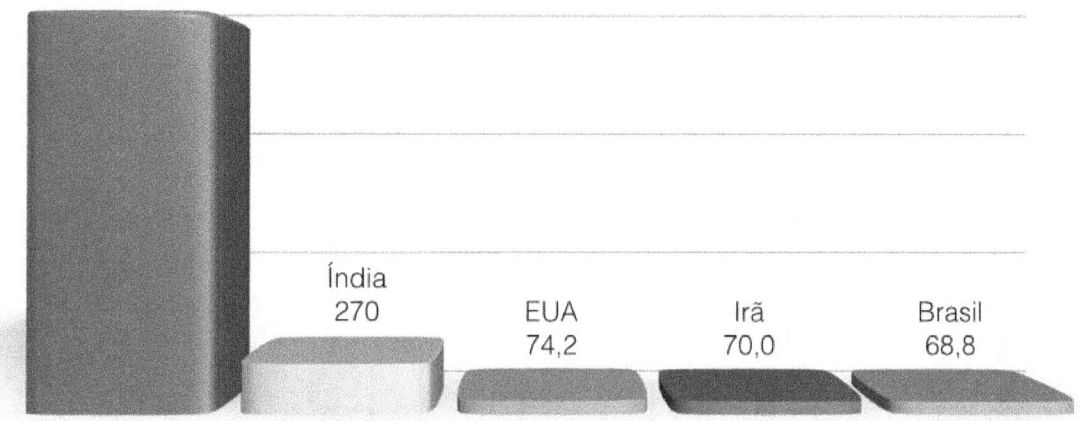

Dados: SNIC (2014)

A produção de Cimento Portland em 2013

2. CONSUMO DE CIMENTO

O Cimento Portland, atualmente, é o mais importante aglomerante empregado no mundo. Ele é utilizado em praticamente todas as construções. Nas edificações, o cimento está presente desde da etapa de fundação até o acabamento.

Para você ter uma noção do quanto é consumido de cimento, observe o gráfico acima. O Brasil é o quarto maior produtor e consumidor de cimento do mundo.

Foto: Canstock

A fabricação do cimento exige um complexo industrial de grande porte

3. FABRICAÇÃO

A produção do cimento é um processo interessante. Suas matérias primas básicas são rochas calcárias, argila e minério de ferro.

Após a extração, essas matérias são transportadas para a fábrica, onde são armazenadas e homogeneizadas. A moagem produz um material muito fino, chamado cru. Esse nome se deve ao fato de, nesta fase, o material ainda não ter sido conduzido ao forno, ou seja, ainda ter sido "cozido".

O cru preaquecido é levado a um forno rotativo. No interior do forno, a temperatura do material é gradualmente aumentada, até que com cerca de 1450°C, a mistura se funde, formando um novo material, o **clínquer**.

Foto: Long Son

O clínquer é o componente básico de qualquer Cimento Portland, é ele que possibilita o endurecimento e o ganho de resistência do cimento quando em contato com a água.

Após o resfriamento, é adicionada uma pequena quantidade de gesso ao clínquer para controlar o tempo de enrijecimento (tempo de pega). Em seguida, a mistura é moída finamente. Assim, é produzido o Cimento Portland Comum ("puro").

Para formação dos demais tipos de Cimento Portland são adicionadas outras matérias primas: escória de alto forno (resíduo da fabricação do aço), materiais carbonáticos (filler) e materiais pozolânicos.

Os tipos de cimento serão descritos no final deste capítulo.

Veja a seguir um esquema que sintetiza o processo de fabricação do Cimento Portland.

Fabricação do Cimento

Esquema simplificado - etapas principais

Extração:
Calcário e Argila

Transporte

Britagem

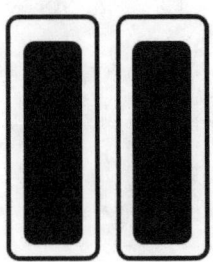

Silos da Mistura
Crua

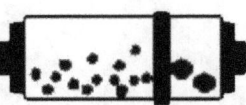

Moagem da
mistura crua

Depósito e
Dosagem

1450 ºC

Forno Rotativo

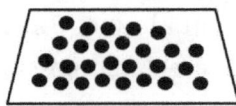

Depósito do
Clínquer

Gesso

Demais
Adições

Distribuição

Moagem
do Cimento

4. CARACTERIZAÇÃO

A qualidade do Cimento Portland é fundamental para a produção de boas argamassas e concretos. Desta forma, é importante que você entenda bem as principais propriedades deste material.

4.1. Hidratação do Cimento

O cimento seco não consegue unir os agregados. Ele adquire esta característica de coesão quando é misturado à água. Essa reação é denominada de hidratação.

A medida que o cimento vai sendo hidratado, o material começa a se transformar em novos compostos químicos. Os compostos hidratados formam agulhas e cristais que proporcionam enrijecimento (solidificação) e o ganho de resistência. Veja na microscopia o aspecto do cimento em hidratação.

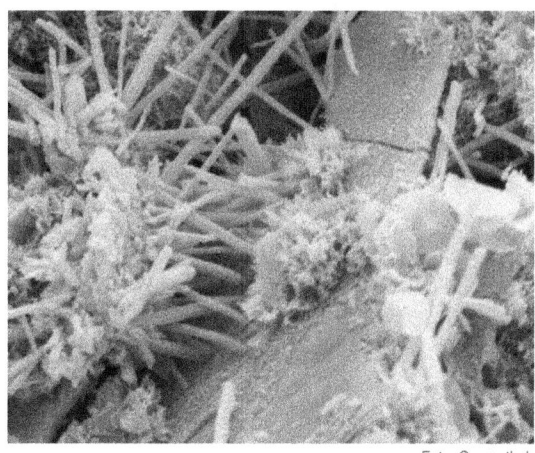

Foto: CementLab

Algumas pessoas, quando não tem formação técnica, acreditam que o cimento endurece e ganha resistência pela secagem da água. Você viu que isso não é verdade. Se a água secasse completamente, o cimento não hidrataria, e consequentemente, não ganharia resistência.

A reação de hidratação do cimento é um processo exotérmico, isto é, quando a água entra em contato com o cimento existe a liberação de calor. Quando em excesso, esse calor pode acarretar sérios problemas, tais como: trincas e fissuras de origem térmica. Porém, isso ocorre de forma mais pronunciada em peças de grande volume, a exemplo de blocos de fundações e barragens. Nestes casos, devem ser tomadas medidas para controlar a temperatura da mistura durante à concretagem, como por exemplo, usar gelo e concretar à noite.

A finura do cimento também influencia na reação. Como a hidratação ocorre da superfície para o centro da partícula, quando mais fino for o cimento, mais ligeira será a reação, e consequente, mais rápido será o endurecimento, o ganho de resistência e a geração de calor.

Outro fator é a temperatura do ambiente, quando está quente, a reação química é acelerada, já em dias frios, é retardada.

4.2. Pega

Quando adicionamos água ao cimento, a pasta fica numa consistência relativamente fluída, fácil de deformar e moldar. Com o decorrer do tempo, a água de amassamento é utilizada para a formação dos cristais. Com a perda da água livre, a pasta começa a se enrijecer e solidificar. O termo **pega** se refere ao processo de solidificação da pasta de cimento.

O início desta solidificação é denominado de **tempo de início de pega**, marcando o ponto que a pasta deixa de ser trabalhável.

A solidificação completa não ocorre de forma imediata. O tempo que demora para a pasta solidificar completamente é chamado de **tempo de fim de pega**. Ao final da pega, a pasta de cimento está solida, porém ainda apresenta baixa resistência.

4.2.1. Importância da pega

A determinação dos tempos de início e fim de pega é importante para sabermos quanto tempo temos para trabalhar com produtos à base de cimento após a adição de água.

As operações de lançamento, adensamento e acabamento do concreto sempre devem ser concluídas antes do momento em que ocorre o início de pega.

4.2.2. Exemplo do que não fazer

Utilizar concreto após o início da pega é um erro grave. Algumas pessoas adicionam mais água no concreto depois da pega na tentativa de "ressuscitar" o material. Esta prática compromete totalmente sua qualidade, resistência e durabilidade.

Para ilustrar isso, vou contar um caso que aconteceu com um colega. Ele encomendou de uma concreteira um concreto de 40 MPa para ser utilizado na confecção de uma laje de um edifício de alto padrão. Porém, após 28 dias da concretagem, recebeu a infeliz notícia que o concreto tinha alcançado apenas 14 MPa. A resistência foi tão baixa que o engenheiro calculista recomendou a demolição da laje. O que aconteceu? Quem foi o responsável?

Neste caso, a culpa foi do motorista do caminhão betoneira. Ele estava atrasado para entregar o concreto em virtude de ter pego um trânsito acima do normal. Para disfarçar o enrijecimento (pega) e evitar a recusa na chegada à obra, o motorista adicionou mais água no tambor do caminhão.

Essa imprudência custou um alto preço a concreteira que teve que arcar com o custo de demolição e reconstrução da laje, além de ter sua imagem desgastada.

Ex. INÍCIO DE PEGA
(resultado 3 mm do fundo)

Início de Pega

4.2.3. Ensaio para determinação dos tempos de início e fim de pega

Os tempos de início e fim de pega são determinados por meio do Aparelho de Vicat. Esse aparelho mede a resistência de uma pasta de cimento de consistência padrão à penetração de agulhas de dimensões padronizadas.

Os tempos de pega são contados a partir da adição de água no cimento, sendo arbitrados no Brasil da seguinte forma:

Tempo de início de pega: tempo decorrido até o momento em que a agulha do aparelho de Vicat consegue penetrar até 4 ± 1 mm do fundo (36 ± 1 mm da superfície). Apenas como ordem de grandeza, o tempo de início de pega ocorre, geralmente, com cerca de 2 a 3 horas.

Tempo de fim de pega: tempo contado desde a adição de água até o momento em que agulha penetra apenas 0,5 na superfície da pasta, ou seja, só faz um leve risco.

Ensaio de Tempo de Pega
Aparelho de Vicat

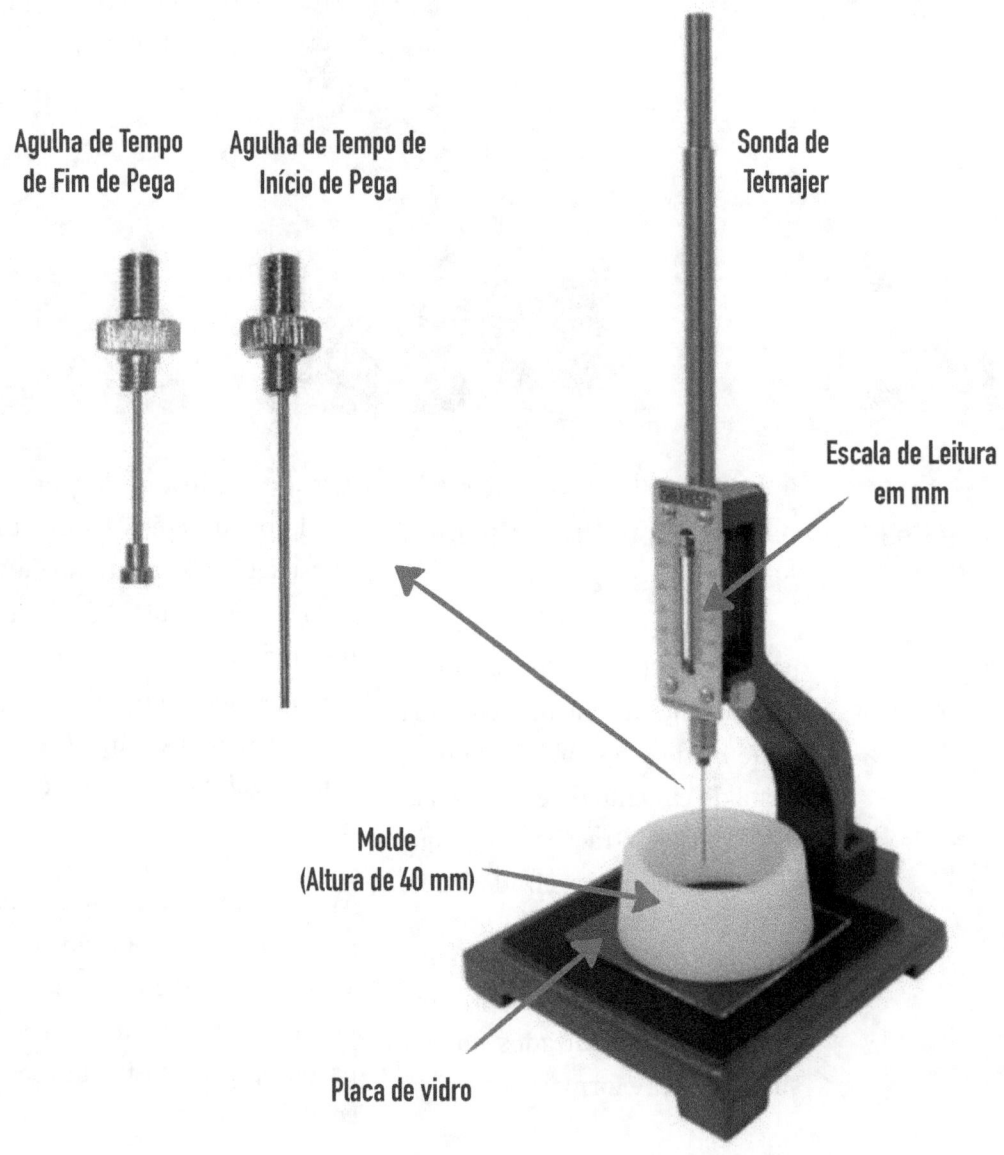

Agulha de Tempo de Fim de Pega

Agulha de Tempo de Início de Pega

Sonda de Tetmajer

Escala de Leitura em mm

Molde (Altura de 40 mm)

Placa de vidro

Fonte: Elaboração própria

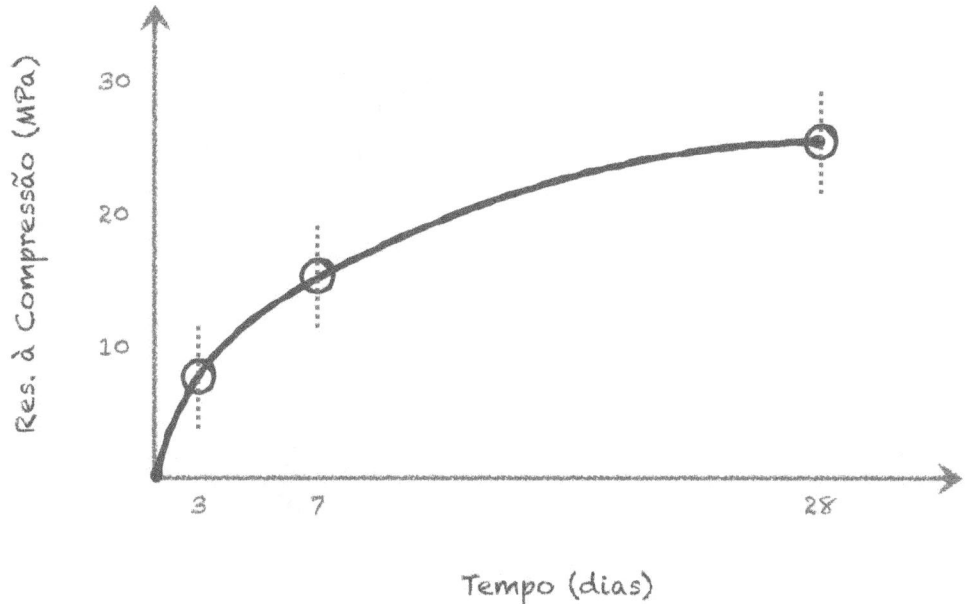

Fonte: Elaboração própria

4.3. Resistência

A resistência do cimento cresce ao longo do tempo em função do progresso da reação de hidratação dos grãos de cimento.

A medida que os espaços vazios na pasta vão sendo preenchidos pelo produto da hidratação, a porosidade diminui e a resistência aumenta.

O processo de hidratação pode durar meses a anos para se completar. Porém com 1 mês, a resistência já está próxima de sua máxima. Assim, para classificar os cimentos e concretos foi escolhida a idade de 28 dias (4 semanas).

Foto: Elaboração própria

4.3.1. Ensaio de Determinação da Resistência

A resistência do cimento à compressão é avaliada por meio da moldagem de corpos de prova de uma argamassa com características definidas em norma.

A pasta de cimento pura não é avaliada em função da dificuldade de obtenção de corpos de prova adequados. A argamassa normalizada apresenta o traço padronizado: 1:3:0,48. Ou seja, para cada parte de cimento são acrescentadas 3 partes de areia e 0,48 parte de água.

Para o ensaio são necessárias quatro frações de areia de diferentes graduações. Para maior confiança, a areia utilizada é também normalizada, sendo extraída de uma única fonte.

A resistência de cada corpo de prova é dada pela divisão da força de ruptura pela área da seção transversal.

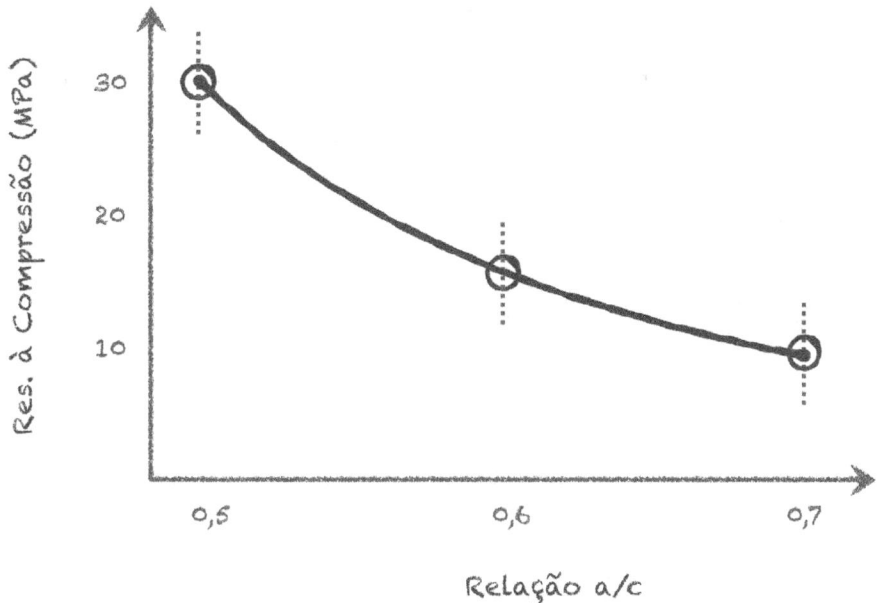

Fonte: Elaboração própria

Exemplo de curva de Abrams

Quanto maior a relação água / cimento, menor será a resistência e durabilidade

4.3.2. Relação a/c

A relação água/cimento (a/c) é a proporção da massa de água pela massa de cimento. Como exemplo, se a relação a/c for igual a 0,40, significa que para cada 100 kg de cimento, serão adicionados 40 kg de água.

Para hidratar o cimento, é necessária uma relação água/cimento de aproximadamente 0,30. No entanto, com essa relação a pasta fica muito difícil de trabalhar. Assim, é comum utilizarmos relação a/c maior.

Porém, a água não utilizada na hidratação do cimento evapora e deixa no seu lugar espaços vazios (bolhas de ar). Esses vazios reduzem absurdamente a resistência. O gráfico ilustra bem isso. No capítulo 6, comentaremos mais detalhes sobre este parâmetro.

5. TIPOS DE CP

O Cimento Portland (CP) puro é uma mistura apenas de clínquer e gesso. Com o passar do tempo, provavelmente por questões econômicas, foram incorporados outros materiais à fórmula original, proporcionando uma variedade de tipos.

De acordo com a norma NBR 12655/2015, o tipo de cimento deve ser escolhido levando-se em consideração aspectos arquitetônicos e executivos, o calor de hidratação do cimento, as condições de cura, as dimensões da estrutura, as condições de exposição, etc.

CP I

O Cimento Portland Comum (CPI) foi o primeiro Cimento Portland produzido no Brasil. Ele é um tipo de cimento puro, ou seja, em regra, não apresenta adições. Atualmente, é pouco utilizado.

CP II

O Cimento Portland Composto (CP II) é um cimento comum modificado por meio de adições. Pode ser aplicado em todas as fases da construção. É o tipo de cimento mais vendido no Brasil. De acordo com a adição, pode ser classificado nos seguintes subgrupos: CP-II – E (adição de escória); CP-II–Z (adição de pozolana); CP-II – F (adição de filler).

CP III

O Cimento Portland de <u>Alto Forno</u> (CP III) é formado com maior teor de escória de alto forno do que o CP-II-E. A escoria torna o cimento menos poroso, mais durável e reduz o seu calor de hidratação. O seu uso é especialmente vantajoso para confecção de concretos expostos a ambientes agressivos, como por exemplo, instalações de esgoto e locais onde ocorre chuva ácida. Em função do menor calor de hidratação, ele também é recomendado para concretagem de grandes volumes, tais como: blocos de fundação e barragens.

CP IV

O Cimento Portland <u>Pozolânico</u> (CP IV) apresenta um alto teor de materiais pozolânicos, bem superior ao constante no CP II-Z. O CP IV apresenta vantagens similares ao CP III.

CP V-ARI

O Cimento Portland de <u>Alta Resistência Inicial</u> (CP V- ARI) tem uma textura mais fina e reage mais rápido com a água, adquirindo resistência com maior velocidade. Ele é recomendado para confecção de peças e estruturas que precisam de desforma rápida. No entanto, em função da maior geração de calor de hidratação, ele pode provocar um maior índice de fissuras e trincas, principalmente, em dias quentes e secos.

CP B

A coloração natural do cimento é cinza. Já o Cimento Portland <u>Branco</u> (CP B), como o próprio nome diz, tem uma coloração branca. Isso se deve ao menor teor de minério de ferro presente em sua composição. É indicado para fins estéticos em concretos aparentes. Pode ser encontrado em nas subclasses: estrutural e não estrutural.

CP RS

Os cimentos citados anteriormente podem ser modificados para oferecerem maior resistência aos meios agressivos sulfatados, como redes de esgotos ou industriais e água do mar. Neste caso, adiciona-se o sufixo (RS - <u>Resistente a sulfato</u>) à sigla do cimento, exemplo: CP V-RS.

Classes de Resistência

Com base no ensaio de resistência à compressão, podemos definir a classe de resistência do cimento aos 28 dias de idade. Os cimentos CP I, CP II e CP III podem ser obtidos nas classes de 25, 32 e 40 MPa, já o CP IV, apenas nas classes 25 e 32 MPa. O CP V é o único que não é classificado conforme sua resistência aos 28 dias, sendo avaliado em idades menores.

Tipos de Cimento Portland

TIPO	Classes de Resist. (MPa)	Clínquer + Gesso (%)	Escória de Alto Forno (%)	Pozolana (%)	Material Carbonático (Filler) (%)
CP-I	25 - 32 - 40	100	-	-	-
CP-II -E	25 - 32 - 40	56-94	6-34	-	0 -10
CP-II-Z	25 - 32 - 40	76-94	-	6-14	0 -10
CP-II-F	25 - 32 - 40	90-94	-	-	6 -10
CP-III	25 - 32 - 40	25-65	35-70	-	0-5
CP-IV	25-32	45-85	-	15-50	0-5
CP-V-ARI	-	95-100	-	-	0-5

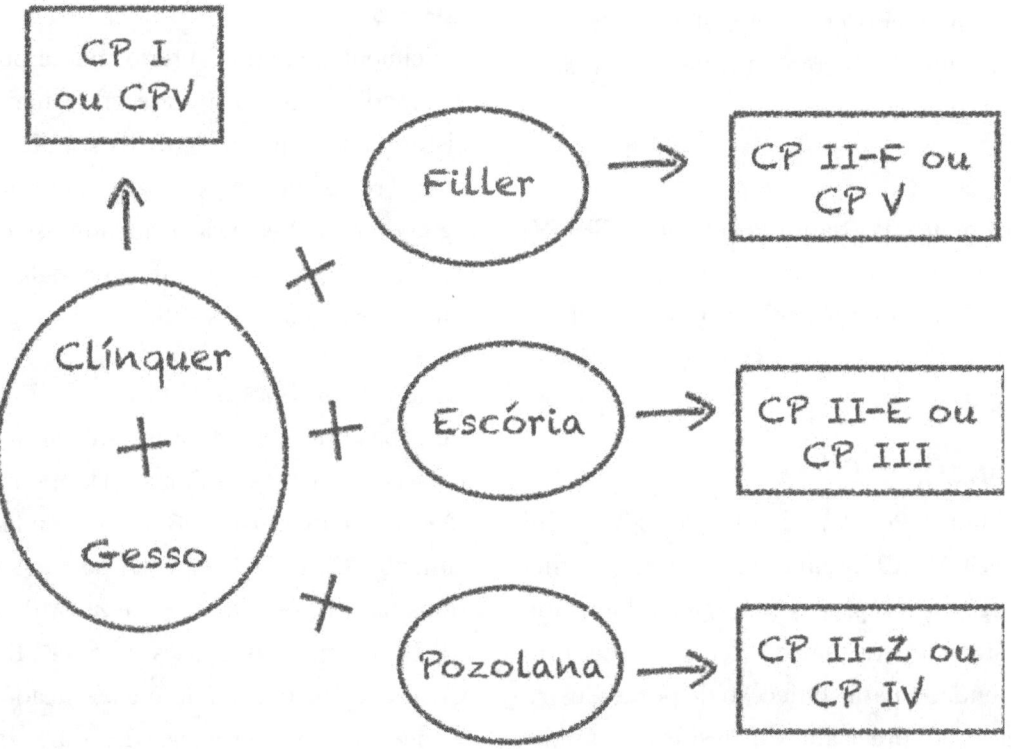

Fonte: Elaboração própria

CONSUMO DE CIMENTO PORTLAND (%)

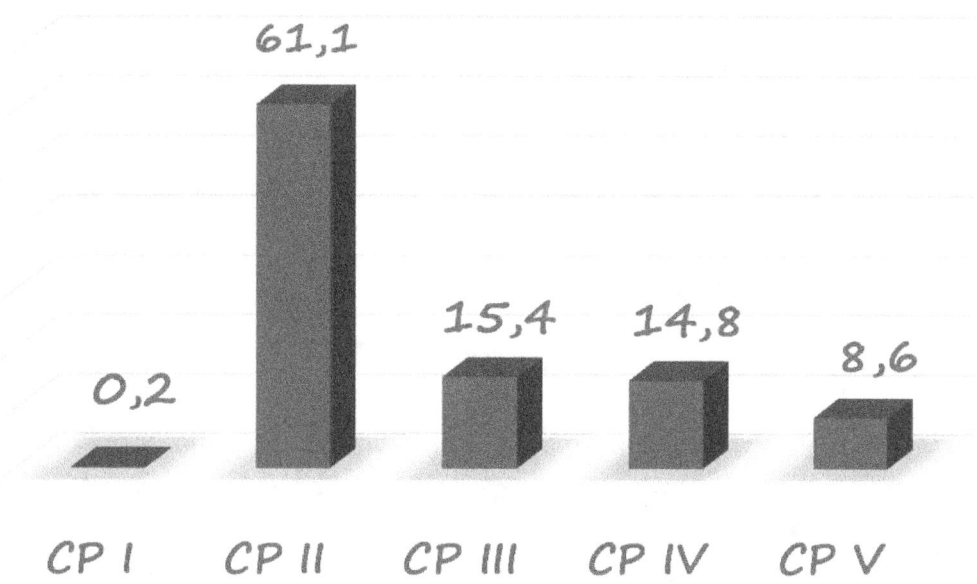

	CP I	CP II	CP III	CP IV	CP V
	0,2	61,1	15,4	14,8	8,6

Dados: SNIC (2014)

Consumo no Brasil (%)

Comparação entre os tipos de Cimento Portland

Propriedades	CP I CP II	CP III CP IV	CP V	CP B
Resistência nos primeiros dias	O	▽	▲ ▲	O
Resistência final	O	▲	▲	O
Calor gerado com a reação do cimento	O	▽	▲	O
Resistência à agentes agressivos	O	▲	▽	▽
Durabilidade	O	▲	O	O

Tipos de Cimento

Legenda | O (Padrão) | ▲ (Maior) | ▽ (Menor)

Fonte: Elaboração própria

Caminhão silo de cimento

6. FORMAS DE EXPEDIÇÃO

O cimento pode ser expedido e comercializado de 2 formas: a granel ou ensacado.

A granel: destina-se a grandes consumidores, normalmente, fábricas de pré-moldados, concreteiras ou obras de grande porte. O cimento é entregue ao cliente em caminhões silo.

Ensacado: destina-se a clientes de menor consumo ou que não possuam silo de armazenagem. O cimento é expedido em embalagem de 50 kg, confeccionada em papel Kraft de múltiplas folhas, permitindo a manutenção da qualidade do material durante sua validade.

Os sacos devem apresentar diversas informações ao consumidor, tais como: composição do produto, cuidados com o manuseio e data de validade.

Não se deve usar cimento após o prazo de validade

A validade do cimento é de apenas 90 dias

7. ESTOCAGEM

O principal problema relativo ao transporte e armazenamento do cimento é a hidratação dos seus grãos.

Assim, o cimento deve ser guardado em local afastado de qualquer tipo de umidade. O cimento ensacado deve ser armazenado em local seco, afastado da parede e sobre estrados de madeira.

Recomenda-se que os sacos sejam empilhados sobre um estrado montado a pelo menos de 30 cm do piso e das paredes.

Os sacos devem ser empilhados em altura de no máximo 15 unidades, quando ficarem retidos por período inferior a 15 dias no canteiro de obras, ou em altura de no máximo 10 unidades, quando permanecerem por período mais longo (NBR 12655/2015).

5

Concreto:
Introdução

Foto: Canstock

O concreto é o segundo material mais utilizado no mundo, só perde para o consumo de a água. Ele é empregado nos mais diversos tipos de obra, tais como prédios, estádios, pontes e barragens, etc.

Neste capítulo, nós vamos apresentar uma introdução sobre este importante material. Você aprenderá diversos assuntos relacionados à composição do concreto e as suas matérias primas.

O Viaduto de Millau (França), com pilares de concreto, alcança 343 m de altura

1.INTRODUÇÃO

O concreto é um material fantástico que revolucionou a engenharia e arquitetura.

Com o concreto, qualquer forma é possível. Quando recém misturado, por ser relativamente fluído e plástico, pode ser moldado em diferentes formas e tamanhos.

Pouco tempo depois, o concreto endurece e adquire, quando bem dosado e executado, excelente durabilidade e resistência mecânica.

Em virtude da importância do concreto, ele será apresentado com detalhes ao longo de quatro capítulos deste livro.

O Panteão, construído com concreto, a cerca de 2000 anos na cidade de Roma, permanece integro até os dias atuais

2. CONCRETO ROMANO

Os antigos romanos já usavam o concreto como material de construção em edificações, pavimentos e obras hidráulicas. Eles descobriram que a cal e as cinzas vulcânicas quando misturadas com água, areia e cascalho formavam um material que era mais forte e mais durável que a argamassas de cal.

A grande durabilidade era proveniente da reação pozolânica que ocorria entre a cal e as cinzas vulcânicas na presença de água. Essa mistura, ao contrário do que ocorria com a cal pura, não se dissolvia na água, sendo possível sua aplicação em obras hidráulicas, como os famosos aquedutos romanos.

Em essência, o concreto romano é semelhante ao concreto atual. A maior diferença é que usamos Cimento Portland.

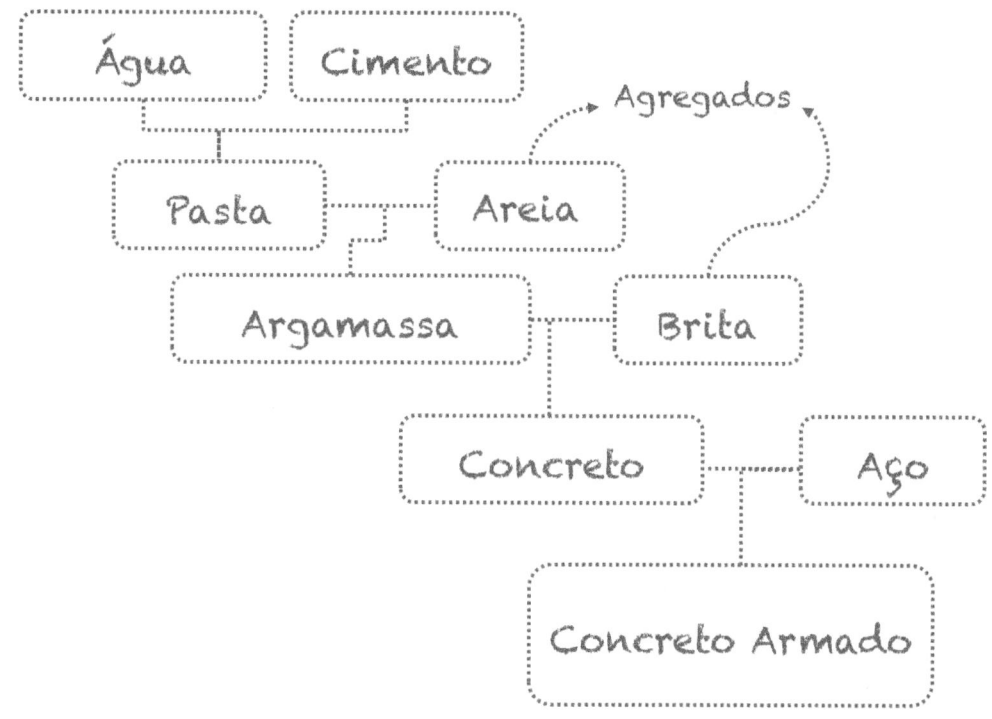

A figura acima ilustra as diferenças entre pasta, argamassa, concreto e concreto armado

3. COMPOSIÇÃO

O concreto atual é formado por uma mistura homogênea de água, Cimento Portland, agregado miúdo e agregado graúdo. Além disso, podem ser acrescentados aditivos, pigmentos, fibras e adições minerais.

Assim como um bolo pode ser dosado para ser saboroso, *light*, *diet*, etc., o concreto pode ser dosado para atender as diversas características, tais como: boa fluidez, durabilidade, resistência, etc.

3.1. Traço

Você já ouviu falar na expressão "traço do concreto"? Traço nada mais é do que a "receita" do concreto. Ele indica à proporção dos materiais por unidade de cimento:

$$1: a: p: x$$

Onde "a" é a proporção de agregado miúdo por unidade de cimento; "p" é a proporção de agregado graúdo por unidade de cimento; "x" é proporção de água por unidade de cimento (relação água/cimento).

Por exemplo, um traço 1: 2,4 : 3,0: 0,6 indica que para cada parte de cimento serão acrescentadas: 2,4 partes de agregado miúdo (ex. areia), 3 partes de agregado graúdo (ex. brita) e 0,6 parte de água.

Você pode expressar o traço em massa ou em volume. A seguir um exemplo de um traço em volume: 1 parte de cimento para 2 partes de areia e 3 partes de brita.

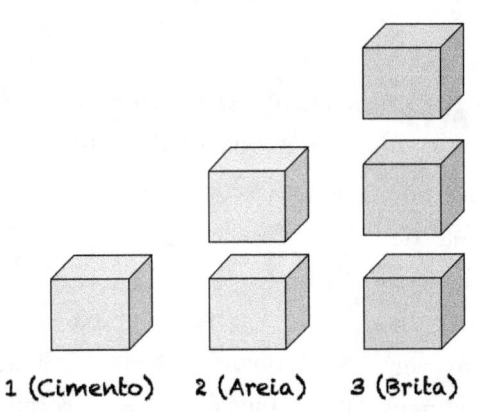

1 (Cimento)   2 (Areia)   3 (Brita)

Fonte: Elaboração própria

Embora o traço medido em volume seja mais fácil de executar, este processo é pouco preciso, sendo permitido apenas para concretos com resistências inferiores a 20 MPa.

As normas não definem os valores dos traços dos concretos, pois os materiais variam de região para região e cada obra apresenta suas peculiaridades. A dosagem pode se dar de duas formas: "empírica" e "dosagem racional e experimental".

A dosagem empírica é baseada apenas na experiência do profissional e no consumo mínimo de 300 kg de cimento/m³ de concreto, sendo admitida apenas para concretos com resistência de 10 a 15 MPa.

A dosagem racional e experimental deve ser feita com base em parâmetros técnicos e ensaios laboratoriais. O responsável pela dosagem tem que descobrir qual é a melhor proporção entre os diversos constituintes. Esta dosagem não é fácil, pois o concreto tem que atender várias propriedades, simultaneamente, tais como: resistência, durabilidade e trabalhabilidade, tudo isso a um custo adequado.

3.2. Consumo de Materiais

Com a massa específica do concreto e com o traço em massa, é possível calcular o consumo de cimento por m³ de concreto (C). A equação é bem simples, consiste na divisão da massa específica do concreto pela soma do traço em massa.

$$C = \frac{\gamma_{concreto}}{1 + a + p + x}$$

860 kg/m³

800 kg/m³

400 kg/m³

240 kg/m³

Para calcular o consumo dos outros materiais, basta multiplicar o consumo de cimento pela proporção do material no traço. Veja um exemplo numérico a seguir.

Exemplo: Calcule os consumos de cimento, areia, brita e água para produzir 1 m³ de concreto. Para tanto, considere os seguintes dados: massa específica do concreto: 2.400 kg/m³; traço do concreto (em massa): 1 : 2,0 : 2,4 : 0,6.

Resolução:

Consumo de materiais para produzir 1 m³ de concreto:

$$C = \frac{2400}{1 + 2 + 2,4 + 0,6}$$

Cimento = 400 kg/m³

Areia = 400 x 2,0 = 800 kg/m³

Brita = 400 x 2,4 = 860 kg/m³

Água = 400 x 0,6 = 240 kg/m³

4. MATÉRIAS PRIMAS

Neste tópico, nós vamos discutir a respeito das características dos materiais empregados na confecção do concreto. Como os agregados e o cimento já foram estudados nos capítulos anteriores, faremos apenas alguns breves comentários sobre eles.

4.1. Agregados

Os agregados constituem o "esqueleto mineral" do concreto, influenciando de forma direta na resistência, durabilidade e trabalhabilidade da mistura.

Foto: Elaboração própria

Os grãos menores (agregado miúdo) preenchem os espaços (vazios) deixados pelos grãos maiores (agregado graúdo), formando uma mistura densa e econômica. Desta forma, os agregados podem ocupar, em alguns casos, até 80% do volume do concreto, embora correspondam aproximadamente a apenas 20% do seu custo.

Quando maior a porcentagem de agregados no traço, mais econômico será o concreto.

4.2. Cimento

Na mistura do concreto, o Cimento Portland e a água formam uma pasta mais ou menos fluida, dependendo do teor de água adicionado, que cobre completamente os agregados, mantendo-os coesos (juntos).

Nas primeiras horas, a pasta de cimento apresenta um estado plástico, capaz de ser deformada e moldada na forma e tamanho desejado. Com o passar do tempo, em função do progresso da hidratação do cimento, a mistura enrijece, solidifica-se e adquire resistência mecânica.

A escolha do tipo adequado de cimento é de fundamental importância para o bom desempenho do concreto

Foto: Elaboração própria

4.3. Água

Embora a água seja essencial para hidratação e fluidez de misturas a base de cimento, o seu excesso é extremamente prejudicial à resistência e à durabilidade do material, em virtude do aumento da porosidade.

A água utilizada na mistura do concreto não deve conter substâncias que alterem propriedades químicas e físicas do concreto.

A água potável (apropriada para o consumo humano) pode ser utilizada sem restrição para concretos e argamassas. Outras fontes de água, tais como: água de escoamento pluvial, água de resíduo industrial, águas salobras e outras, devem ser ensaiadas no laboratório para avaliar se atendem as exigências da norma NBR 15900 - "Água para amassamento do concreto".

Foto: Canstock

4.4. Aditivos

Aditivos são produtos que, mesmo adicionados em pequena quantidade (máximo 5% da massa de cimento), alteram as propriedades de concretos e argamassas, melhorando o comportamento do material sob determinadas condições.

Alguns estudantes acreditam que o uso de aditivo corrige todas as falhas do concreto. Porém, isso não é verdade.

Os aditivos não transformam um concreto mal dosado e mal produzido em um concreto bom. Eles transformam um bom concreto em um concreto ainda melhor (Vedacit, 2014).

Você deve ter muito cuidado ao dosar os aditivos. A quantidade total de aditivos não deve exceder a dosagem máxima recomendada pelo fabricante. A influência da elevada dosagem de aditivos no desempenho e na durabilidade do concreto deve ser considerada. Lembre-se a diferença entre o remédio e o veneno, muitas vezes, é apenas a dosagem.

Quando forem usados dois ou mais aditivos simultaneamente, a compatibilidade entre eles deve ser avaliada em ensaios laboratoriais prévios.

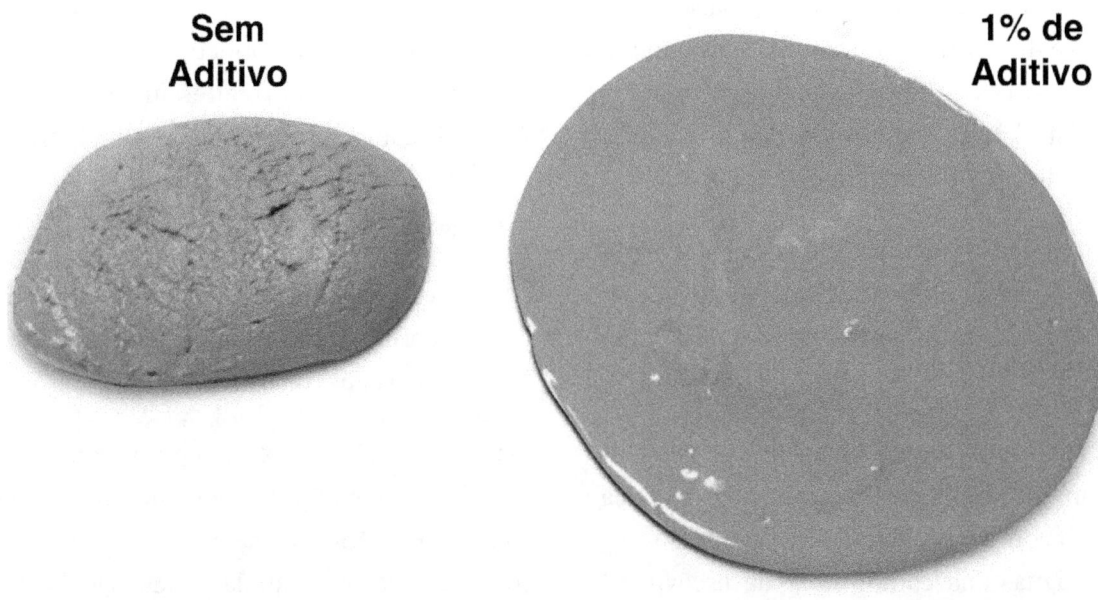

Sem Aditivo

1% de Aditivo

A única diferença na preparação das pastas foi a adição de aditivo superplastificante na segunda

4.4.1. Aditivo plastificante

Os aditivos mais utilizados em concretos são os plastificantes e os superplastificantes. Ambos são produtos químicos que possibilitam a redução da quantidade de água ou o aumento da fluidez e plasticidade da mistura. A diferença é que os superplastificantes apresentam ação mais intensa do que os plastificantes.

Esses aditivos podem ser empregados visando basicamente, três objetivos distintos:

- Melhorar a trabalhabilidade: ao acrescentar o aditivo e manter a quantidade de água, o concreto ficará mais fluído.

- Aumentar a resistência: ao acrescentar o aditivo e reduzir a água, o concreto alcançará maior resistência. O aumento de resistência pode chegar, em alguns casos, a cerca de 40%.

- Minimizar o consumo de cimento: ao reduzir o consumo de cimento, a resistência do concreto diminuirá. Para compensar isso, você pode diminuir a quantidade de água (relação água/cimento) com o emprego de aditivo plastificante.

4.4.2. Incorporador de ar

Os aditivos incorporadores de ar introduzem microbolhas distribuídas de forma homogênea na mistura do concreto. Esses aditivos podem: (i) melhorar a plasticidade do concreto; (ii) reduzir a tendência de segregação e exsudação; (iii) reduzir a permeabilidade do concreto. No entanto, o excesso de ar incorporado causa diversos problemas, como por exemplo, a diminuição da resistência do concreto.

4.4.3. Retardador de pega

O aditivo retardador de início de pega desacelera a hidratação inicial dos grãos de cimento com o objetivo de prolongar o tempo disponível para transportar, lançar e adensar o concreto. É frequentemente empregado nos casos de concretagem de peças volumosas (para evitar a presença de juntas frias) e nos casos onde a produção do concreto está localizada longe do ponto de aplicação.

Além disso, esses aditivos são úteis nos períodos de clima quente. O aumento de temperatura catalisa a reação química do cimento com água, reduzindo o tempo disponível para o trabalho. Isso pode ser equilibrado com o uso de um aditivo retardador.

4.4.4. Acelerador de pega

Ao contrário do anterior, o aditivo acelerador encurta o tempo de pega do cimento. É utilizando em períodos de clima frio e em trabalhos nos quais o concreto necessita endurecer de forma rápida. É muito utilizado no caso de concretos projetados e na fabricação de peças e estruturas pré-moldadas de concreto.

4.4.5. Estabilizador de hidratação

O aditivo estabilizador de hidratação atua sobre as partículas de cimento, dificultando a reação do cimento com a água, mantendo a mistura estável por um longo período, podendo chegar, em alguns casos, até 72 horas.

4.4.6. Polifuncionais

Os aditivos polifuncionais, também chamados de multifuncionais, influenciam em mais de uma propriedade do concreto. Melhoram a trabalhabilidade do concreto e desempenham outros efeitos secundários. Existem vários tipos disponíveis no mercado da construção.

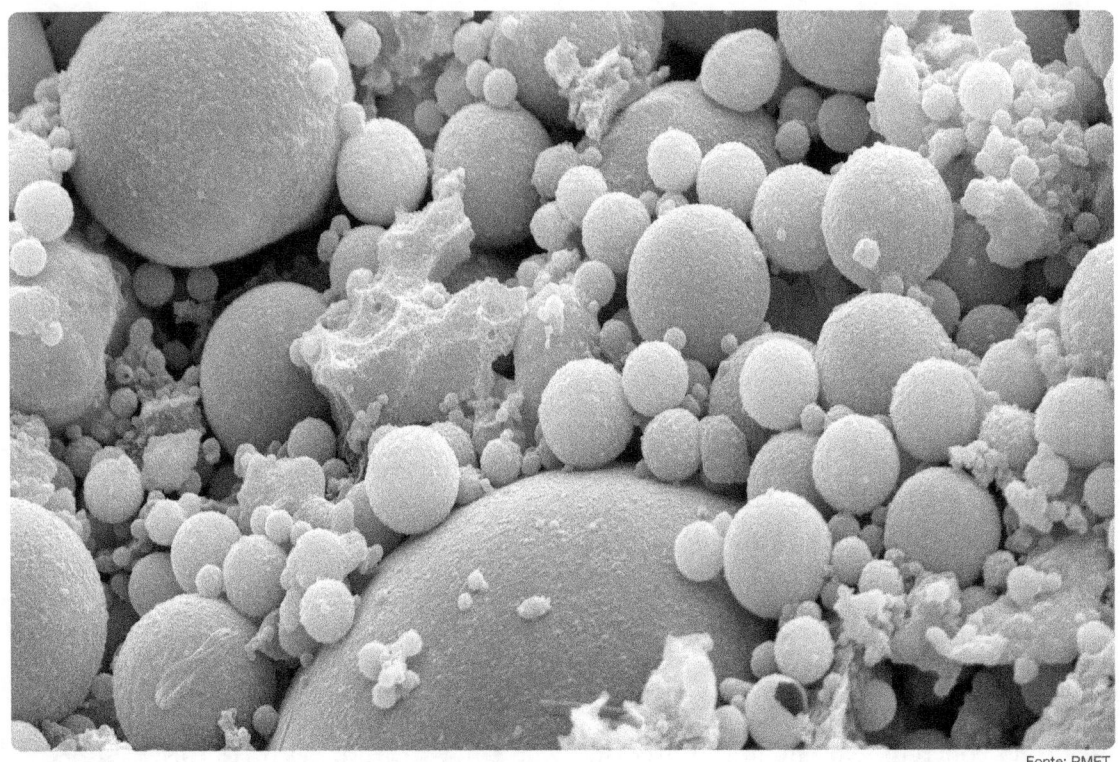
Fonte: PMET

Veja a imagem ampliada de partículas de adição (2.000 vezes)

Um grão de cimento é cerca de 100 vezes maior do que uma partícula de adição

4.5. Adições

As adições são materiais extremamente finos que podem ser adicionados ao concreto para melhorar suas propriedades. São muito empregadas em concretos de alta resistência. O teor utilizado varia, geralmente, de 5 a 20% em relação a massa de cimento.

Por serem muito finas, elas preenchem os poros (espaços vazios) do concreto, reduzindo sua porosidade e, consequentemente, aumentando a sua resistência e a durabilidade. Além do efeito físico de preenchimento, algumas adições apresentam atividade pozolânica, reagindo com os compostos de cal livre presentes no cimento, incrementando ainda mais a resistência.

Existem diversos tipos, tais como: sílica ativa (microsílica), metacaulim, cinza volante, entre outras.

Fibras de polímero para emprego em concretos

4.6. Fibras

O concreto reforçado com fibras apresenta melhor resistência à tração, melhor ductilidade e menor incidência de fissuras e trincas, entre outras várias vantagens.

Existem vários tipos de fibra que podem ser encontrados no mercado, tais como: polipropileno, aço, vidro, nylon, poliéster, carbono e fibras vegetais.

No passado, as fibras eram utilizadas apenas para evitar a retração ou reforçar a resistência. Mas, atualmente, existem diversas outras aplicações. Um bom exemplo, é o uso de fibras de polipropileno em concretos submetidos a altas temperaturas ou com grande risco de incêndio (Aoki, 2010).

Tome cuidado com a dosagem, o excesso de fibras pode prejudicar o desempenho do concreto.

6

Concreto: Propriedades

Para aplicar corretamente o concreto, devemos conhecer bem suas propriedades

Foto: Elaboração própria

Engenheiros e arquitetos devem conhecer profundamente as propriedades do concreto. As propriedades podem ser dividas em duas fases: concreto fresco e concreto endurecido.

Neste capítulo, nós vamos conversar sobre as principais características e ensaios realizados.

Foto: Elaboração própria

1. CONCRETO FRESCO

O concreto é considerado como fresco desde o momento da adição da água até antes do início de pega do cimento. Nesta fase, o concreto pode ser misturado, transportado, lançado e adensado de forma adequada.

Falhas de concretagem: segregação dos materiais

1.1. Segregação

Você já viu estruturas de concreto com vazios na superfície? Esses vazios, causados pela segregação do concreto, podem comprometer a resistência e a durabilidade da estrutura.

A segregação ocorre porque os componentes do concreto apresentam massas específicas diferentes. Esse processo pode se dar de duas formas: (i) com a separação dos agregados graúdos da argamassa; (ii) com a separação de parte da água do restante da mistura (exsudação).

A segregação pode ocorrer nas etapas de transporte, lançamento e adensamento. As principais causas são: traço mal formulado; excesso ou falta de adensamento; excesso ou falta de água; altura de queda do concreto durante o lançamento superior a 2,5 m.

1.2. Trabalhabilidade

Um concreto de boa qualidade deve ser capaz de manter sua homogeneidade (não segregar) durante o seu transporte, bombeamento, lançamento e adensamento. Ademais, a fluidez da mistura deve permitir que essas operações se deem de uma forma relativamente fácil e num tempo razoável. Quando um concreto consegue atender a todas essas características, dizemos que ele está trabalhável.

Observa-se que tão importante quanto a resistência do concreto no estado endurecido, é a sua **trabalhabilidade** no estado fresco.

A trabalhabilidade do concreto deve variar com: o tipo de construção, o método de lançamento, o grau de armadura da peça estrutural, entre outros aspectos.

A trabalhabilidade do concreto deve variar com o grau de armadura

Concretagem de um pilar com armadura pouco densa

Foto: Elaboração Própria

Armadura muito densa: para não segregar, o concreto tem que apresentar alta coesão e fluidez

Foto: MDC

Fatores que afetam a trabalhabilidade do concreto

Água

Cimento

Agregados

Aditivos

Foto: Elaboração própria

Existem vários fatores ligados ao traço que influenciam na trabalhabilidade do concreto

A trabalhabilidade está ligada a vários fatores relacionados ao traço. O que mais influencia é consumo de **água**. Quanto maior a relação água/cimento, mais fluída será a mistura. A água ajuda a "lubrificar" as partículas, diminuindo o atrito entre os grãos e a dificuldade de espalhamento.

A granulometria e a forma dos **agregados** também interferem. O excesso de partículas finas exige maior consumo de água. Agregados arredondados e lisos proporcionam misturas mais trabalháveis do que agregados angulosos e ásperos.

O aumento do consumo de **cimento** possibilita uma melhor fluidez. Porém, o excesso torna a mistura pegajosa, reduzindo sua trabalhabilidade.

Os **aditivos** (super) plastificantes também melhoraram a trabalhabilidade, conforme mencionado no Capítulo 5.

Foto: Elaboração própria

1.2.1. Ensaio de Abatimento (*Slump Test*)

O ensaio de abatimento do tronco cone, também chamado em inglês de *slump test*, é o procedimento mais usual para avaliar a consistência do concreto convencional, e assim, estimar sua trabalhabilidade.

O procedimento do ensaio é bem simples. Empregamos um tronco cone de altura de 30 cm e base de 20 cm. Este molde, posicionado numa superfície plana, é preenchido com três camadas de concreto. Cada camada recebe 25 golpes com uma haste metálica. O molde deve ficar firmemente imóvel durante todo o processo. Logo após o adensamento, o cone é lentamente erguido e o concreto é liberado.

A diminuição na altura no centro da massa de concreto, após a retirada do molde, é o resultado do ensaio (abatimento).

A próxima figura mostra os resultados do *slump test* para dois traços de concreto, cuja única diferença foi a quantidade de água adicionada. No primeiro caso, a relação água/cimento foi de 0,30 e no segundo, 0,70. Os respectivos abatimentos foram 20 mm e 220 mm.

Influência da água no abatimento do concreto

Fotos: Elaboração própria

No segundo caso, o excesso de água acarretou a segregação do concreto, com o agregado graúdo ficando mais ao centro e o restante da massa na periferia.

Apesar das limitações, o *slump test* pode ser muito útil no canteiro de obras para verificação diária ou mesmo horária dos materiais. Um aumento do abatimento pode indicar, por exemplo, que a quantidade de água colocada na mistura foi diferente da prescrita no projeto.

A ordem de grandeza de valores de abatimento é dada na tabela a seguir:

Abatimento de acordo com o uso indicado

Abatimento	Uso Indicado
MUITO BAIXO (0 a 25 mm)	Pavimentos adensados por máquina vibratória
BAIXO (25 a 50 mm)	Pavimentos vibrados com equipamentos manuais
MÉDIO (25 a 100 mm)	Concretos de menor trabalhabilidade deste grupo podem ser adensados para o uso em lajes lisas. Concreto com taxa de armadura normal, com adensamento manual e seções densamente armadas, com vibração
ALTO (100 a 175 mm)	Para seções com congestionamento de armaduras, usualmente de vibração inviável.

Adaptado de: Neville e Brooks (2013)

No caso de concretos convencionais usinados, o *slump test* é realizado para aceitação do concreto. Os detalhes sobre o controle e aceitação de concretos serão descritos ao final do próximo capítulo.

O ensaio de espalhamento é empregado para avaliar a trabalhabilidade do concreto auto adensável

1.2.2. Ensaio de Espalhamento (*Slump Flow Test*)

O ensaio de espalhamento, também chamado em inglês de *slump flow test*, mede a habilidade de o concreto fluir livremente sem segregar.

O procedimento do ensaio é simples. Emprega o mesmo tronco cone do ensaio anterior. Porém, o concreto é lançado em apenas uma camada, sem que seja feito nenhum adensamento. Logo após a colocação do concreto, o cone é lentamente erguido, permitindo o espalhamento da massa de concreto.

O resultado do ensaio é a média de duas medidas de **diâmetro** feitas em direções perpendiculares.

Quando mais fluido for o concreto, maior será o diâmetro que ele espalhará sobre a placa.

O ensaio de Anel-J avalia se concreto segrega quando passa por barras de aço

1.2.3. Ensaio de Anel-J (*J-Ring*)

O resultado do ensaio de escorregamento não possibilita uma simulação da habilidade do concreto auto adensável ao passar pela armadura. Assim, foi desenvolvido o ensaio de Anel-J (*J-Ring*) uma variação do ensaio de escorregamento, com acréscimo de um anel de 30 cm de diâmetro e 10 cm de altura, constituído com barras de aço verticais.

O resultado do ensaio é a diferença de altura entre o concreto imediatamente interior e imediatamente exterior ao anel.

Esse tipo de ensaio pode ainda ser empregado para avaliar, visualmente, se o concreto segrega ou não quando passa pelas barras de aço.

Foto: Canstock

2. CONCRETO ENDURECIDO

O concreto é considerado um material sólido a partir do fim de pega do Cimento Portland. No entanto, sua resistência é desenvolvida ao longo do tempo.

Corpo de Prova de Concreto

2.1. Resistência à Compressão

A resistência à compressão simples é considerada, normalmente, como a propriedade mais importante do concreto endurecido. Essa propriedade é empregada no estudo de dosagem e para calcular as dimensões das estruturas.

Para avaliarmos a resistência do concreto, nós moldamos corpos de prova (CP).

A altura do CP deve ser o dobro do diâmetro do cilindro. No Brasil, são mais utilizados os diâmetros de 100 mm e 150 mm.

O número de camadas e golpes para adensamento varia conforme a dimensão do CP escolhido. Por exemplo, para o CP de 100 mm de diâmetro, a moldagem, quando o adensamento é manual, deve ser efetuada em duas camadas, cada uma com a aplicação de 12 golpes.

Foto: Elaboração própria

Moldagem de corpos de prova após a chegada do caminhão betoneira à obra

Após a moldagem e identificação, os corpos de prova devem ser armazenados durante as primeiras 24 horas em local protegido. Após este período, devem ser transportados cuidadosamente para o laboratório escolhido.

No laboratório, os corpos de prova são curados imersos em tanques de água ou em câmara úmida até o momento da ruptura.

A superfície superior do corpo de prova moldado não fica plana e lisa o suficiente. Essas saliências falseiam o resultado do ensaio pela concentração de cargas nestes pontos. Para correção dessas falhas, o CP deve ser retificado em máquina de corte ou capeado com pasta de cimento. Outra alternativa, é o emprego de discos de neoprene. Esses discos distribuem a tensão de forma uniforme pela superfície do CP.

Corpo de prova rompido à compressão

Lembre-se tensão = força / área

Os corpos de prova devem ser rompidos nas idades especificadas no projeto. As idades 7 e 28 dias são as mais usuais. O carregamento deve ser aplicado de forma contínua e sem choques.

A resistência à compressão (tensão de ruptura) é dada pela razão entre a força axial de ruptura sobre a área da seção transversal do corpo de prova.

Como a área da seção é circular, a tensão pode ser calculada da seguinte forma:

$$\sigma = \frac{F}{\pi \times r^2}$$

O resultado da tensão de ruptura deve ser expresso em megapascal (MPa).

Tome cuidado no momento de converter as unidades. Qualquer dúvida, reveja o *Capítulo 2. Conceitos Básicos.*

Para romper o corpo de prova mostrado na figura, foi necessária uma força de 25,97 tf (25970 kgf)

Exemplo: Você moldou um corpo de prova de concreto de 10 cm de diâmetro por 20 cm de altura. Após 28 dias, o material foi rompido e o resultado do ensaio foi igual a 25,97 tf (tonelada-força). Qual é a resistência do concreto em MPa?

Resolução:

Força = 25,97 tf = 25970 kgf

$$\sigma = \frac{25970}{3,14 \times 5^2} = \frac{25970}{78,5} = 330,83 \frac{kgf}{cm^2}$$

Ou seja, cada cm² da seção transversal de concreto suportou uma carga de 330,83 kgf.

Para achar a resistência em MPa, basta lembrar que 1 MPa = 10 kgf/cm². Assim, a tensão de ruptura é igual a 33,1 MPa.

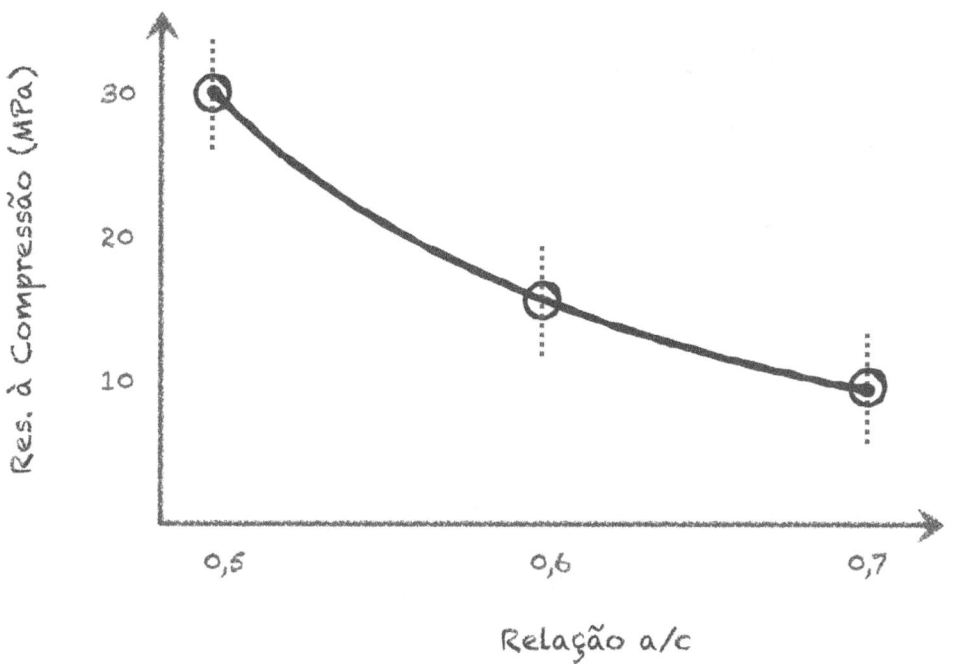

Exemplo de curva de Abrams

A lei de Abrams estabelece que a resistência à compressão do concreto é inversamente proporcional à relação a/c

2.2. Relação a/c

Vamos aprofundar um pouco o conhecimento a respeito da relação água/cimento (a/c).

A relação água/cimento é o principal parâmetro que influencia na trabalhabilidade, resistência, durabilidade e permeabilidade do concreto.

A fluidez da pasta de cimento depende essencialmente da quantidade de água adicionada que é expressa pela relação água/cimento. Quando maior essa relação, mais fácil será trabalhar com o material.

Porém, quanto maior a relação a/c, menor será a resistência do concreto e maior será sua porosidade e permeabilidade. Você pode verificar na figura anterior que com o aumento da relação a/c, a resistência caiu para um terço.

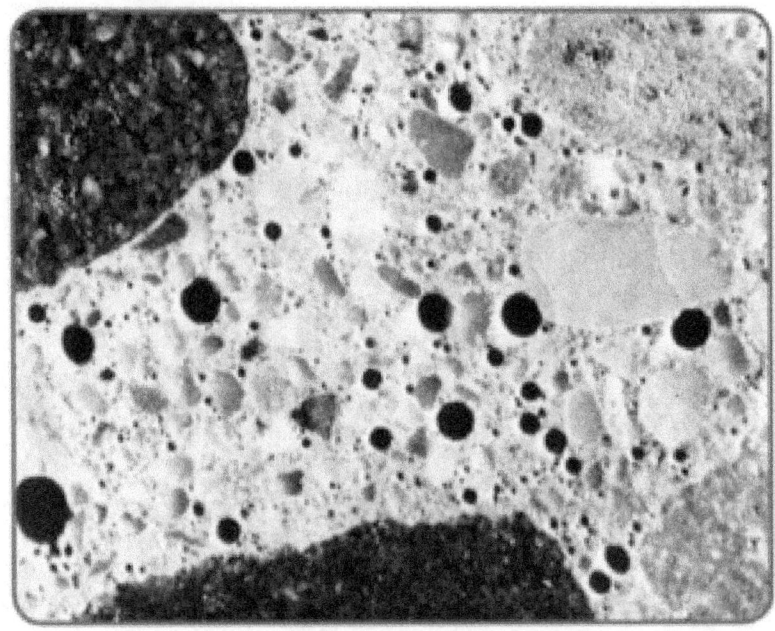

A figura ilustra o aumento de porosidade provocada pela evaporação da água em excesso

O excesso de água produz concretos mais porosos. A água de amassamento não utilizada na hidratação dos grãos de cimento evapora e deixa poros no seu lugar (microbolhas de ar).

A presença destes poros diminui a resistência do concreto. De acordo com Neville e Brooks (2013), cerca de 5% de vazios podem acarretar uma redução em torno de 30% na resistência do concreto.

A presença de poros interconectados aumenta a permeabilidade do concreto, facilitando a ocorrência de várias patologias graves, a exemplo da corrosão das barras de aço, o que impacta de forma negativa na durabilidade do concreto armado.

Em função do grau de risco de deterioração da estrutura (classe de agressividade ambiental), a normalização brasileira limita a relação a/c. Veja a próxima tabela.

Foto: Canstock

Classe de agressividade ambiental x relação água/cimento

Classe	Agressividade	Classificação do ambiente	Risco de deterioração	Relação A/C (em massa)
I	Fraca	Rural; Submersa	Insignificante	≤ 0,65
II	Moderada	Urbana	Pequeno	≤ 0,60
III	Forte	Marinha; Industrial	Grande	≤ 0,55
IV	Muito Forte	Industrial; Respingos de Maré	Elevado	≤ 0,45

Adaptado de: NBR 6.118

Observando a tabela anterior, você pode verificar que em ambientes rurais, o risco de deterioração da estrutura é insignificante, assim, a relação a/c deve ser menor que 0,65. Já no caso de regiões litorâneas com respingos de maré, o risco de deterioração da estrutura é elevado, limitando a relação a/c a no máximo 0,45.

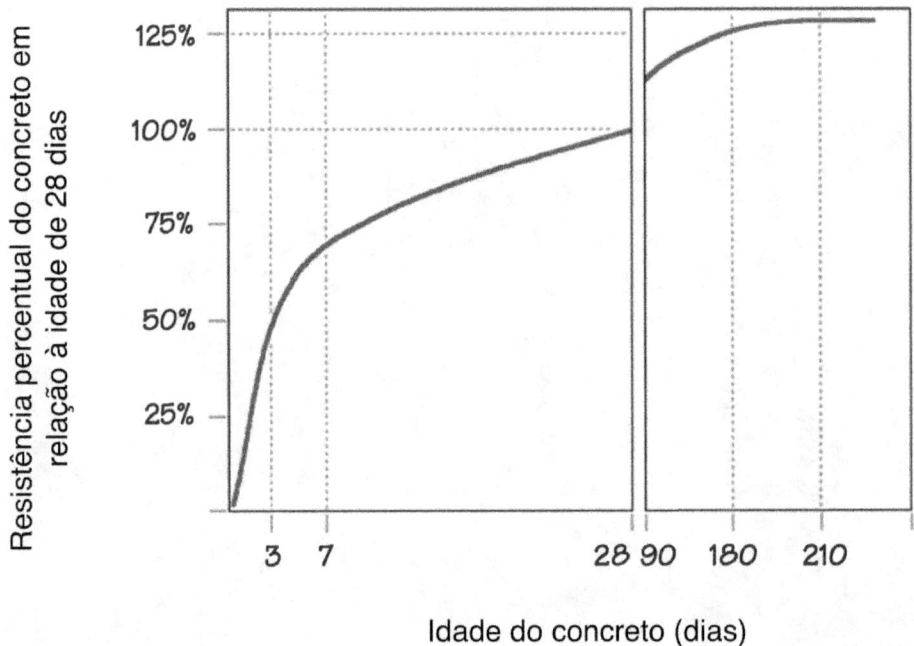

Adaptado de: Mehta et al. (2012)

Adaptado de: Mehta et al. (2012)

O concreto ganha resistência ao longo do tempo (exemplo de curva)

2.3. Influência do Tempo

Em função do avanço do processo de hidratação do cimento, o concreto ganha resistência ao longo do tempo.

O gráfico acima mostra a relação entre a resistência do concreto e a sua idade. Nesse gráfico, o parâmetro de comparação é a resistência aos 28 dias, considerada como 100%.

No exemplo, podemos observar que a resistência cresce de forma mais acentuada nos primeiros dias. Com 3 dias, o concreto alcança 50% da resistência obtida aos 28 dias. Com 7 dias, alcança cerca de 70%. Com 210, dias a resistência se estabiliza em 125%.

Tenha em mente que esses valores são apenas indicativos de ordem de grandeza. Cada concreto apresenta um comportamento distinto que deve ser testado.

Para dimensionar as estruturas (pilares, vigas e lajes), é necessário conhecer o fck do concreto

2.4. Resistência Característica (fck)

A resistência características do concreto aos 28 dias é chamada de fck. O responsável pela produção do concreto deve garantir que pelo menos **95%** dos corpos de prova rompidos apresentem resistência igual ou superior a definida no fck. O fck é usualmente medido em MPa.

2.4.1. Entendendo o fck

O engenheiro calculista, quando especifica um concreto com resistência de 40 MPa, está querendo dizer ao construtor: *"Eu quero que, em toda a estrutura, o concreto seja tal, que não se rompa com tensões inferiores a 40 MPa"*. Como o concreto é um material que apresenta grande variabilidade na produção, não é possível exigir uma uniformidade absoluta, ou seja, que nenhum corpo

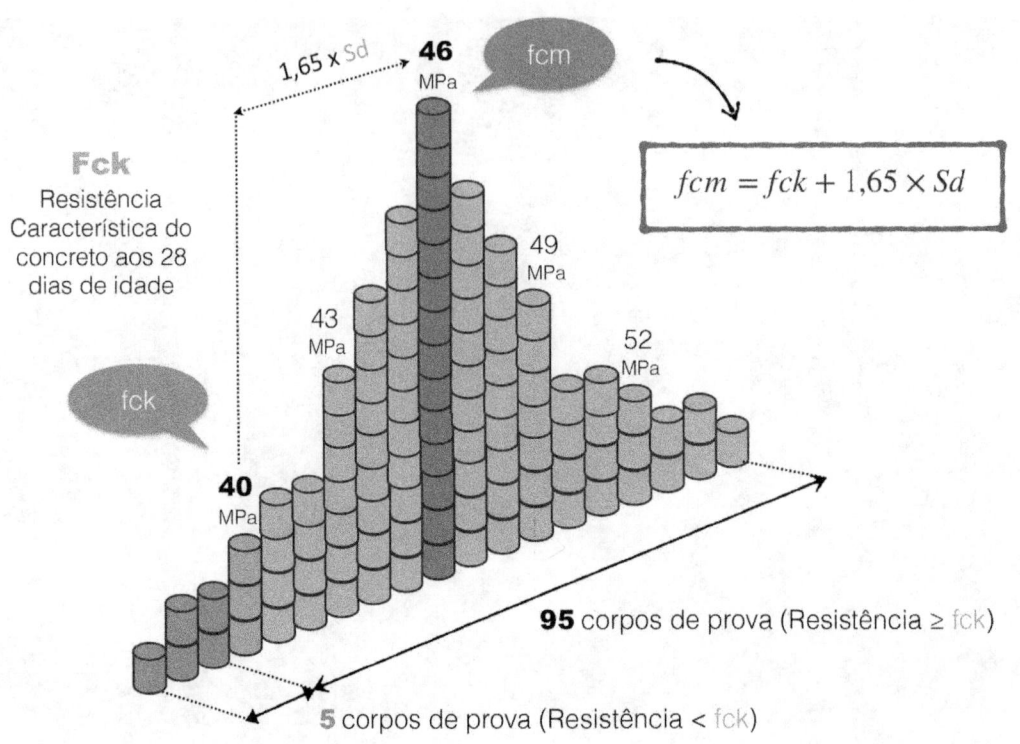

Foto: Elaboração própria

**Exemplo:
Rompimento de
100 corpos de
prova**

de prova rompa com resistência abaixo do valor solicitado. Deste modo, uma solução é especificar que o fck do concreto deve ser igual 40 MPa. Isso quer dizer que ao rompemos um grande número de amostras deste concreto, como por exemplo 100, no máximo 5 amostras (5%) poderão apresentar resultados inferiores aos 40 MPa (Adaptado de Botelho e Marchetti, 2010).

2.4.2. Resistência de Dosagem (fcm)

Para garantir o alcance do fck em pelo menos 95% dos corpos de prova testados, é necessário dosar um concreto com uma resistência superior ao do fck. A resistência média de dosagem (fcm) é majorada, de forma estatística, em função do desvio padrão da produção do concreto (Sd):

$$fcm = fck + 1,65 \times Sd$$

2.4.3. Desvio Padrão

Se o desvio padrão da produção do concreto não for conhecido, ele deverá se estimado conforme o nível de controle tecnológico existente. Para isso, a norma NBR 12.655 estabelece três classes: A, B e C.

Condição A (Sd = 4 MPa): o cimento e os agregados são medidos em massa, a água de amassamento é medida em massa ou volume com dispositivo dosador e corrigida em função da umidade dos agregado (pode ser aplicada a todas as classes de resistência de concreto);

Condição B (Sd = 5,5 MPa): o cimento é medido em massa, a água de amassamento é medida em volume mediante dispositivo dosador e os agregados medidos em massa combinada com volume (pode ser aplicada às classes C10 a C20).

Condição C (Sd = 7 MPa): o cimento é medido em massa, os agregados são medidos em volume, a água de amassamento é medida em volume e a sua quantidade é corrigida em função da estimativa da umidade dos agregados da determinação da consistência do concreto (pode ser aplicada apenas aos concretos de classe C10 e C15).

A NBR 12.655 determina que o valor do desvio padrão adotado para o cálculo da resistência de dosagem em nenhum caso poderá ser menor que 2 MPa. Portanto, o valor mínimo da parcela a ser acrescida à resistência fck será de 3,3 Mpa (1,65 x 2).

Exemplo: Um cliente pediu um concreto com fck = 30 MPa. Calcule qual deve ser a resistência de dosagem:

a) considere que seu desvio padrão é igual a 4,0 MPa;

b) considere que o seu desvio padrão igual a 7 MPa.

a) bom controle tecnológico:

fcm =30+ 1,65 x 4 = 36,6 MPa

b) baixo controle tecnológico:

fcm =30+ 1,65 x 7 = 41,55 MPa

Tenha em mente que, em regra, quanto maior a resistência mais cara ficará a composição do concreto.

2.5. Resistência à Tração

O concreto resiste bem à compressão, porém resiste muito pouco à tração. A resistência à tração do concreto corresponde a cerca de **10%** da sua resistência à compressão. Por isso, em estruturas, adiciona-se o aço, material muito resistente à tração, ao concreto, formando o concreto armado.

7

Concreto: Execução

Concretagem de uma estação de Metrô em Nova Iorque (EUA).

Foto: MTA

Uma boa parte dos problemas (patologias) nas construções ocorrem por erros na execução e no controle dos materiais empregados. As falhas de execução acarretam um alto custo de reparação.

Neste capítulo, comentaremos a respeito das principais etapas da execução de uma estrutura de concreto armado, a saber, preparo prévio, produção, transporte, lançamento, adensamento e cura.

1. PREPARO PRÉVIO

Antes da concretagem em si, devem ser tomados vários cuidados, listaremos alguns, maiores detalhes devem ser consultados na norma NBR 14931.

1.1. Fôrmas

Para que o concreto alcance as dimensões pretendidas no projeto, é importante tomar muito cuidado no preparo das fôrmas.

Os elementos estruturantes das fôrmas devem ser dispostos de tal forma que o formato e a posição da fôrma sejam mantidos durante toda sua utilização. Durante a concretagem de elementos estruturais de grande vão, deve ser feito um monitoramento e eventual correção de deslocamentos não previstos nos projetos.

A fôrma deve ser suficientemente estanque, de modo, a impedir o vazamento da massa concreto fresco.

Para facilitar a retirada das fôrmas após o seu uso, podem ser utilizados produtos desmoldantes, os quais devem ser aplicados - apenas na superfície da fôrma. Agentes desmoldantes devem ser aplicados de acordo com as especificações do fabricante e normas nacionais, devendo ser evitados tanto excesso quanto a falta. Salvo condição específica, os produtos utilizados não devem deixar resíduos na superfície do concreto.

1.2. Escoramento

O escoramento deve ser executado de maneira a não sofrer ruptura nem deformações excessivas, considerando a ação de seu próprio peso, do peso da estrutura e das cargas acidentais que possam atuar durante a execução da estrutura de concreto.

1.3. Armadura

Armadura é a denominação das barras e fios de aço utilizados na preparação do concreto armado. Cada tipo de aço deve ser claramente identificado na obra, evitando assim, trocas indesejadas. Em nenhum caso pode ser utilizado aço de qualidade diferente da prevista no projeto, sem aprovação prévia do projetista.

A armadura deve ser posicionada e fixada no interior das fôrmas de acordo com as especificações de projeto de modo que durante o lançamento do concreto se mantenha na posição estabelecida, conservando inalteradas as distâncias das barras entre si e com relação às faces internas das fôrmas.

Outros detalhes sobre a armadura de concreto serão vistos no capítulo de metais.

Preparo prévio

Posicionamento das fôrmas de pilares de seção retangular

Serviços de marcenaria no canteiro de obra

Fotos: Elaboração Própria

Preparo prévio

Fôrmas plásticas (cubetas) para formação de lajes nervuradas

Armadura para pilar de seção circular

Fotos: Elaboração Própria

Concreto:
Modos de Produção

- Na obra
  - Enxada
  - Betoneira
- Em Central
  - Dosadora
  - Misturadora

Modos de produção do concreto

2. PRODUÇÃO

A produção do concreto deve obter uma mistura homogênea, na qual a pasta de cimento deve necessariamente envolver os agregados. O concreto pode ser preparado na obra ou em usinas de concreto.

2.1. Rodado na Obra

A mistura manual do concreto com o auxílio de enxadas deve ser evitada. Excepcionalmente, pode ser autorizada no caso de serviços de baixa importância e com pequenos volumes de concreto. A qualidade desse tipo de mistura é muito precária.

Foto: Edillame

Betoneira

Quando o concreto for misturado na obra, devem ser empregadas betoneiras. As betoneiras são tambores equipados com motores elétricos que promovem a mistura dos materiais do concreto de forma mecânica.

O tempo de mistura deve ser o suficiente para permitir a homogeneização de todos os elementos do concreto. Este período varia conforme o tipo de betoneira, o volume e a consistência. Quanto maior o volume de concreto a ser misturado e quanto mais seca for sua consistência, maior deverá ser o tempo de mistura.

Silos de Cimento

Centro de Controle

Balança de agregados

Foto: Elaboração própria

Vista de uma central dosadora de concreto

2.2. Produzido em Central

Atualmente, em obras de médio e grande porte é mais comum o consumo de concreto usinado ("concreto pronto").

Entre as vantagens desse tipo de concreto, podemos destacar: eliminação de desperdícios de areia, brita e cimento; diminuição do número de operários da obra; maior produtividade da equipe; garantia de qualidade do concreto pelo fornecedor; redução do custo total da obra; entre outras.

Existem dois tipos de centrais de concreto: centrais misturadoras e centrais dosadoras.

As **centrais misturadoras** realizam a dosagem e a mistura do concreto. Neste caso, o caminhão betoneira tem a função apenas de transportar o material e mantê-lo homogêneo.

Foto: Elaboração própria

Outra vista de uma usina dosadora

As **centrais dosadoras** são aquelas que apenas pesam os materiais de acordo com a dosagem do traço e os transferem para o caminhão betoneira, onde é realizado todo o processo de mistura.

No Brasil, predominam as centrais dosadoras. Por isso, vamos comentar mais detalhes a respeito desse tipo de central.

Na usina mostrada, os agregados são colocados na moega por meio de pás carregadeiras. Em seguida, eles são transportados por meio de esteiras rolantes até a balança de agregados. No centro de controle, o processo de dosagem é feito de forma automatizada, conforme o traço de concreto requerido. Os agregados, o cimento, a água e os aditivos são adicionados ao caminhão betoneira e então misturados.

117

Concreto dosado em central

Detalhe dos agregados já pesados sendo levados por uma esteira ao caminhão betoneira

Carregamento do caminhão betoneira

Fotos: Elaboração própria

3. TRANSPORTE E LANÇAMENTO

Após a mistura do concreto, é necessário transportar e lançar o material no local desejado.

O modo utilizado para o transporte não deve provocar desagregação dos componentes do concreto ou perda pronunciada de água, pasta ou argamassa por vazamento ou evaporação.

O transporte do concreto deve ser realizado da forma mais rápida possível, sempre antes do início das reações de hidratação do cimento (início de pega). Lembre-se: não se deve aceitar o concreto depois do tempo de início de pega do cimento.

De modo geral, exceto em condições específicas definidas no projeto, ou influência de condições climáticas ou de composição do concreto, recomenda-se que o intervalo de tempo transcorrido entre o instante em que a água de amassamento entra em contato com o cimento e o final da concretagem não deva ultrapassar 2 h 30 min. Quando a temperatura ambiente for elevada, esse intervalo de tempo deve ser reduzido, a menos que sejam adotadas medidas especiais, como o uso de aditivos retardadores (NBR 14.931).

Quando o concreto é preparado em central, ele necessita ser transportado até a obra, sem segregar, para tanto, empregamos **caminhões betoneira**. O nome caminhão betoneira é auto explicativo (caminhão acoplado a uma betoneira). Existem vários tamanhos de caminhão betoneira distintos. As capacidades mais comuns são de: 5, 8 ou 10 m^3.

O caminhão betoneira, ao se deslocar em direção a obra, deve misturar de forma lenta e constante os materiais no interior de seu tambor de modo a evitar a segregação dos componentes.

Quando o concreto usinado chega à obra ou quando é misturado no próprio canteiro, ele precisa ser transportado horizontalmente e verticalmente até o ponto de lançamento.

Em obras de menor porte, geralmente o **transporte horizontal** do concreto é feito empregando carrinhos de mão ou jericas. Já o **transporte vertical**, é feito com o uso de roldanas e baldes ou elevadores de serviço. Esses modos apresentam baixa produtividade e necessitam do emprego de maior mão de obra.

A figura a seguir mostra uma jerica com capacidade de 112 litros.

concreto no canteiro de obras, de forma horizontal e vertical, até o ponto da aplicação.

Para agilizar os serviços, é importante o uso de duas caçambas alternadas, enquanto uma é empregada na concretagem a outra é carregada.

Foto: Cadioli

Em obras de médio e grande porte, são empregados, com frequência, bombas de concreto ou gruas. Esses dois métodos proporcionam o **transporte horizontal e vertical** do concreto.

O concreto deve ser lançado de forma que toda a armadura e componentes embutidos sejam adequadamente envolvidos pela massa de concreto. A fôrma deve ser preenchida uniformemente, evitando o lançamento em pontos concentrados, de modo a não provocar deformações nas fôrmas.

3.1. Emprego de Gruas

Embora menos produtivo que o concreto bombeado, o emprego de gruas e caçambas é uma boa alternativa para transportar o

Foto: Canstock

3.2. Emprego de Bombas

Bombear o concreto, por meio tubulações e mangotes, é uma forma interessante de transportar o material até o local exato de lançamento.

Para que o concreto possa ser adequadamente bombeado, ele tem que ter uma consistência um pouco mais fluída e um teor de argamassa maior do que em outros métodos de lançamento, de modo a evitar o entupimento do equipamento.

Além disso, o diâmetro interno do tubo de bombeamento deve ser no mínimo quatro vezes o diâmetro máximo do agregado.

O concreto bombeado apresenta uma série de vantagens, tais como: distribuição eficiente do concreto, redução do número de operários envolvidos, aplicação contínua, maior agilidade na execução do serviço. Em alguns casos, a produtividade ultrapassa 80m³ de concreto por hora. Os outros métodos de lançamento apresentam produtividades na ordem de 5 a 15 m³ por hora.

Existem, basicamente, três tipos de equipamentos utilizados para o bombeamento do concreto: bomba estacionária, auto bomba e caminhão bomba lança.

A **bomba estacionária**, também denominada de bomba reboque, é uma bomba de concreto simples que necessita ser transportada até a obra por um veículo automotor.

Foto: Turbosol

A **auto bomba** consiste numa bomba de concreto instalada diretamente sobre um veículo automotor.

Foto: Schwing

A bomba estacionária e a auto bomba dependem da montagem de tubulação para lançar o concreto. O recorde mundial de bombeamento com bomba estacionária pertence ao Burj Khalifa (600 metros de altura).

Foto: HIWTC

Caminhão bomba lança

A **bomba lança** é montada sobre o chassi de um caminhão. Esse tipo de equipamento possui um mastro de distribuição que é movimentado por meio de cilindros hidráulicos. A estabilização do equipamento é feita por meio de braços acoplados à carroceria.

Alguns caminhões bomba lança possuem controle remoto sem fio, facilitando a sua operação em locais de difícil visualização do serviço da concretagem.

Em comparação aos outros tipos de bombeamento, a vantagem do uso de bomba lança é que dispensa a montagem e desmontagens de tubulações. Entretanto, apresenta como desvantagem a sua limitação de alcance, geralmente, em torno de 30 metros.

Concreto Bombeado

Vista panorâmica dos equipamentos de concretagem

Detalhe do despejo do concreto na bomba

Fotos: Elaboração própria

Concreto Bombeado

Concretagem de um pilar (observe o operário controlando a lança)

Equipe concretando uma laje

Fotos: Elaboração própria

4. ADENSAMENTO

Durante e imediatamente após o lançamento, o concreto deve ser adensado energicamente com equipamento adequado à sua consistência.

Existem vários equipamentos que podem ser utilizados no adensamento do concreto, a exemplo de réguas vibratórias, mesas vibratórias e vibradores de imersão (agulha). A próxima foto mostra o adensamento de um pilar com vibrador de imersão.

Foto: Elaboração própria

O adensamento deve ser cuidadoso para que o concreto preencha todos os recantos das fôrmas. O seu objetivo é expulsar o ar aprisionado da mistura e forçar que as partículas fiquem mais próximas umas das outras, melhorando a aparência, resistência, impermeabilidade, durabilidade e do concreto.

O tempo de adensamento não é definido em norma, tanto a falta de vibração quanto o excesso são prejudiciais à qualidade do concreto. A falta acarreta a permanência dos vazios. O excesso ocasiona a segregação do concreto, com a migração do material fino e da água para a superfície (exsudação), prejudicando a qualidade da peça.

A seguir abordaremos alguns cuidados no adensamento com vibradores de imersão, baseados na norma NBR 14.931:

— aplicar o vibrador na posição vertical;

— vibrar o maior número de pontos possível ao longo do elemento estrutural;

— retirar o vibrador lentamente, mantendo-o sempre ligado, de modo a evitar a formação de "buracos" na massa de concreto;

— não permitir que o vibrador entre em contato com a parede da fôrma, para evitar a formação de bolhas de ar na superfície da peça;

— promover um adensamento uniforme e adequado de toda a massa de concreto;

— mudar o vibrador de posição quando a superfície apresentar-se brilhante.

Foto: U.S. Navy

A falta de cura pode reduzir a resistência do concreto pela metade

5. CURA

Você sabe o motivo pelo qual os operários molham o concreto depois endurecido?

Isso se chama cura do concreto. A cura evita a evaporação prematura da água necessária à hidratação do cimento e permite um controle da temperatura do material.

Principalmente, em dias quentes e secos, parte da água de amassamento do concreto pode ser perdida para o ambiente devido ao processo de evaporação. Isso é mais pronunciado no caso de pisos e lajes, pois apresentam maior área de exposição ao vento e ao sol do que pilares e vigas.

Quando o concreto fresco perde umidade, a reação do cimento com água fica prejudicada. Além disso, a água que evapora deixa espaços vazios (poros). Estes fatores reduzem a resistência do concreto de forma significativa. A cura não somente aumenta a resistência do concreto, como também reduz sua porosidade e permeabilidade. Em suma, um concreto bem curado é mais denso e mais durável.

A cura pode ser iniciada logo após a solidificação do concreto (após o tempo de fim de pega). Porém na maioria das obras, a cura do concreto inicia cerca de 6 a 12 horas após o lançamento.

No caso de concretos estruturais, a normalização brasileira preconiza que a cura deve ser estendida até o concreto alcançar a resistência de 15 MPa. Porém, de forma prática, é recomendável que a cura seja continuada pelo maior tempo possível, sendo usual por pelo menos 5 a 7 dias.

A cura do concreto pode ser feita de forma úmida, química ou por meio de vapor.

5.1. Cura Úmida

O método mais efetivo de curar o concreto é manter a superfície saturada até que seja atingida a resistência especificada. Esse tipo de cura pode ser executada de várias formas, a exemplo, da aspersão de água com mangueira e do emprego de mantas umedecidas.

5.2. Cura Química

A cura química consiste na aspersão de um produto sobre a superfície de concreto que gera uma película impermeável, minimizando a evaporação da água.

5.3. Cura a Vapor

Em alguns casos, a exemplo da fabricação de pré-moldados, é comum que o concreto seja curado com o emprego de vapor a altas temperaturas. A elevação da temperatura do concreto acelera a reação química de hidratação do cimento, e consequentemente, a velocidade de crescimento da resistência da peça.

Com o ganho de resistência rápido, é possível manusear o produto e retirá-lo da fôrma de modo breve, praticamente, logo após a moldagem.

5.4. Cura no Laboratório

No laboratório, os corpos de prova são curados em câmara úmida, ou então, submersos em tanques até o momento da ruptura.

6. CONTROLE TECNOLÓGICO

Para garantir a qualidade do concreto é importante que seja feito um bom controle tecnológico tanto no preparo do concreto quanto na etapa de recebimento.

Em geral, nas **usinas de concreto**, são feitos diversos ensaios para desenvolver os traços e garantir a qualidade do produto. Você já viu vários deles nos capítulos de agregados, cimento e propriedades do concreto.

Nas obras, para aceitação do concreto, devem ser realizados ensaios de controle das propriedades do concreto fresco e do concreto endurecido. **No mínimo**, deve-se conferir o *slump test* e moldar corpos de prova para avaliar a **resistência à compressão** nas idades especificadas (a exemplo de 7 e 28 dias). Esses ensaios permitem aferir se o concreto atende ao solicitado no projeto.

De acordo com a norma NBR 12.655, para o concreto preparado pelo construtor da obra, devem ser realizados ensaios de consistência sempre que ocorrerem alterações na umidade dos agregados e nas seguintes situações:

a) na primeira amassada do dia;

b) ao reiniciar o preparo após uma interrupção da jornada de concretagem de pelo menos 2 h;

c) na troca dos operadores;

d) cada vez que forem moldados corpos de prova.

Para o concreto preparado por empresa de serviços de concretagem (concreto usinado), devem ser realizados ensaios de consistência em cada caminhão betoneira que chega à obra.

No caso de concretos especiais, outros ensaios também podem ser exigidos. Por exemplo, para o controle de concretos autoadensáveis podem ser exigidos os ensaios de ensaio de espalhamento (*slump flow test*) e habilidade passante (*j-ring*).

A respeito do controle da resistência do concreto, os detalhes devem ser conferidos na norma NBR 12.655: "*Concreto de cimento Portland — Preparo, controle, recebimento e aceitação — Procedimento.*"

Na próxima página, você verá um exemplo de controle tecnológico simples. Nesta obra, para cada caminhão betoneira que chegava, uma amostra de concreto era extraída para realização do ensaio de abatimento (*slump test*) e para moldagem de corpos de prova. Um dia após a moldagem, os corpos de prova eram levados, com cuidado, a um laboratório especializado, onde eram rompidos à compressão nas idades de 7 e 28 dias de idade.

EXEMPLO: CONTROLE TECNOLÓGICO (SIMPLES)
NO RECEBIMENTO DO CONCRETO

Retirada de Amostra

Realização do Slump Test

Resultado do Slump Test

Moldagem de 4 CP

Identificação de CP

Depois, os Corpos de Prova (CP) são levados ao laboratório para ruptura com 7 dias e 28 dias

Fotos: Elaboração própria

8
Concretos Especiais

O concreto pode ser transparente?

Fonte: DISD

Com o avanço da ciência e tecnologia, foram desenvolvidos vários tipos de concretos com propriedades especiais para determinadas aplicações.

Neste capítulo, nós vamos conversar um pouco sobre os seguintes concretos: translúcido; de alta resistência; de alto desempenho; auto adensável; projetado; compactado com rolo; leve; permeável; e flexível.

As paredes de concreto translúcido permitem a passagem da luz natural para o interior da edificação

1. CONCRETO TRANSLÚCIDO

Por mais incrível que possa parecer, existe um tipo de concreto que apresenta certo grau de transparência, sendo possível ver através dele. Desenvolvido na Hungria, o concreto translúcido apresenta resistência e durabilidade semelhantes ao do concreto tradicional, porém permite a passagem da luz.

O concreto translúcido pode ser produzido com o emprego de fibras ópticas que orientam a passagem de luz ou com resinas plásticas especiais.

O concreto translúcido possibilita um melhor aproveitamento da luz natural, podendo reduzir o consumo de energia elétrica. Porém, apresenta um alto custo que, atualmente, o inviabiliza para as aplicações correntes.

Demonstração de um concreto permeável

2. CONCRETO PERMEÁVEL

O concreto permeável é composto por cimento, água, agregado graúdo e pouco (ou nenhum) agregado miúdo. A ausência de grãos pequenos proporciona um alto índice de vazios, alcançando cerca de 20 a 35%. Esses poros permitem a percolação da água sem maiores dificuldades.

Ele pode ser aplicado com fins de drenagem em pavimentos de concreto (estacionamentos, pátios, ruas, etc.). O interessante é que seu uso pode reduzir a incidência de alagamentos e realimentar as águas subterrâneas. Entretanto, devemos tomar cuidado com a manutenção do pavimento. Se ela não for bem feita, os poros serão preenchidos com folhas ou outros dejetos, obstruindo a percolação da água.

Concreto Permeável

Detalhe de um corpo de prova de concreto permeável

Foto: Elaboração Própria

Demonstração da percolação de água sobre uma placa de concreto permeável

Foto: JJ Harisson

A necessidade de construir prédios cada vez mais altos incentivou o desenvolvimento de concretos mais resistentes

3. CAR

O concreto de alta resistência (CAR) é um concreto que alcança resistência superior ao concreto convencional, comum em sua época.

Até a década de 1970, antes da invenção dos aditivos superplastificantes, os concretos que alcançavam mais de 40 MPa aos 28 dias eram denominados como concretos de alta resistência (CAR).

No Brasil, são considerados como concretos de alta resistência aqueles que ultrapassam 50 MPa de resistência à compressão.

Com o emprego de CAR, é possível construir estruturas de prédios com dezenas ou até centenas de andares, o que antigamente, era possível apenas com estruturas metálicas.

A utilização de CAR apresenta várias vantagens. Como o material é muito mais resistente do que o convencional, é possível reduzir as dimensões dos elementos estruturais, com consequente, redução das seções da estrutura, aumentando a área útil disponível para comercialização.

Ademais, o concreto de alta resistência é de certa forma mais sustentável, pois possibilita a construção de estruturas mais esbeltas (menores dimensões), com minimização do consumo de recursos naturais.

No entanto, este tipo de concreto apresenta algumas desvantagens, tais como: maior custo, em virtude do maior consumo de cimento, aditivos e adições, e a necessidade de cuidado redobrado no momento da execução de modo a garantir o alcance da resistência definida no projeto.

Assim, a seleção dos agregados deve ser criteriosa, pois em concretos de alta resistência, a qualidade deles pode ser um fator limitante.

Um dos principais fatores que possibilita o alcance de concretos de alta resistência é a baixa relação água/cimento. Assim, é necessário o emprego de aditivos superplastificantes para que seja possível reduzir o a/c sem alterar a trabalhabilidade da mistura.

As adições minerais, por exemplo, microsílica, são comuns nos concretos de alta resistência. Por serem muito menores do que o cimento, essas adições aumentam a compacidade da mistura (preenchem os vazios), e consequentemente, aumentam a resistência e a durabilidade do concreto.

4. CAD

Concreto de alto desempenho (CAD) é um material que apresenta um comportamento melhor que o concreto convencional, atendendo adequadamente às exigências requeridas pelo projetista.

Considera-se como desempenho não apenas a resistência, mas também a trabalhabilidade, a estética, a durabilidade, entre outras propriedades (Ribeiro et. al, 2011).

Um Concreto de Alto Desempenho não obrigatoriamente necessita apresentar uma alta resistência.

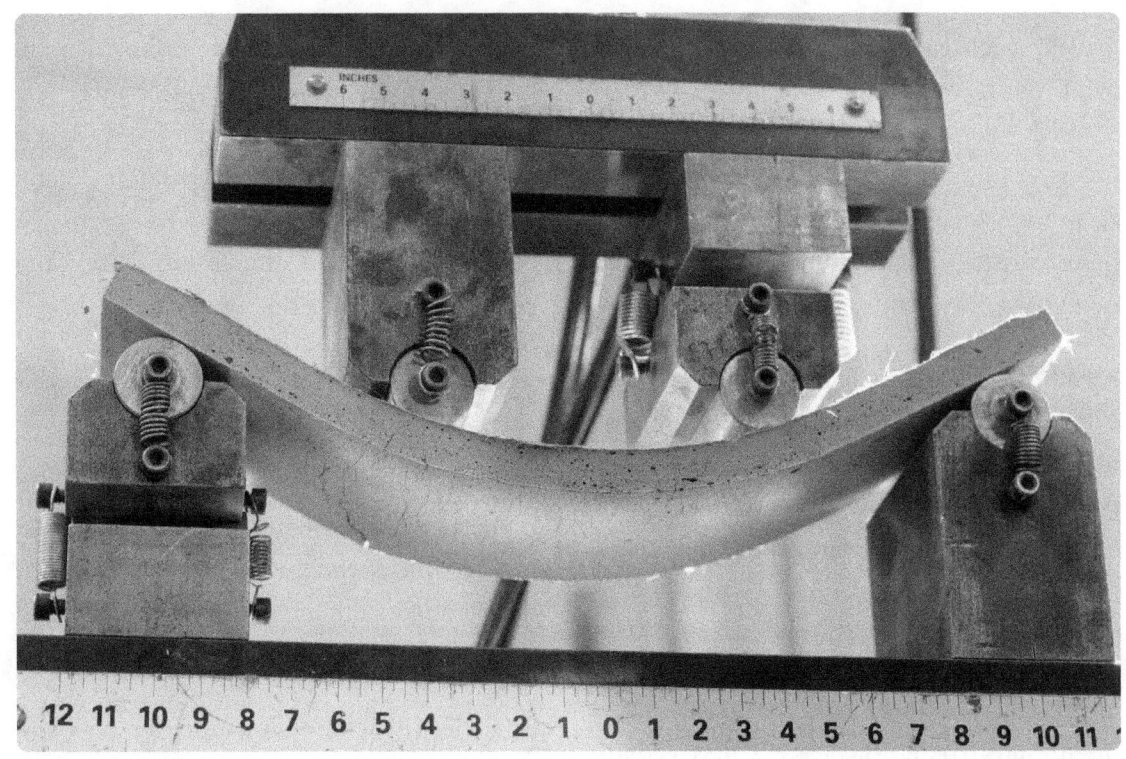

Foto: YUYA Engineers

O concreto flexível
é cerca de 100
vezes mais
maleável do que o
concreto
tradicional

5. CONCRETO FLEXÍVEL

O concreto flexível, denominado em inglês de *Engineered Cementitious Composite* (ECC), é um tipo de composto de cimento reforçado com fibras selecionadas de pequenos tamanhos.

Diferentemente, do concreto convencional, o ECC não contem agregado graúdo e tem uma grande ductilidade.

A sua capacidade de deformação alcança cerca de 3 a 7%, ou seja, cerca de 100 vezes mais maleável do que o concreto convencional.

O concreto flexível ainda consegue manter uma resistência à compressão muito próxima à verificada nos concretos tradicionais.

136

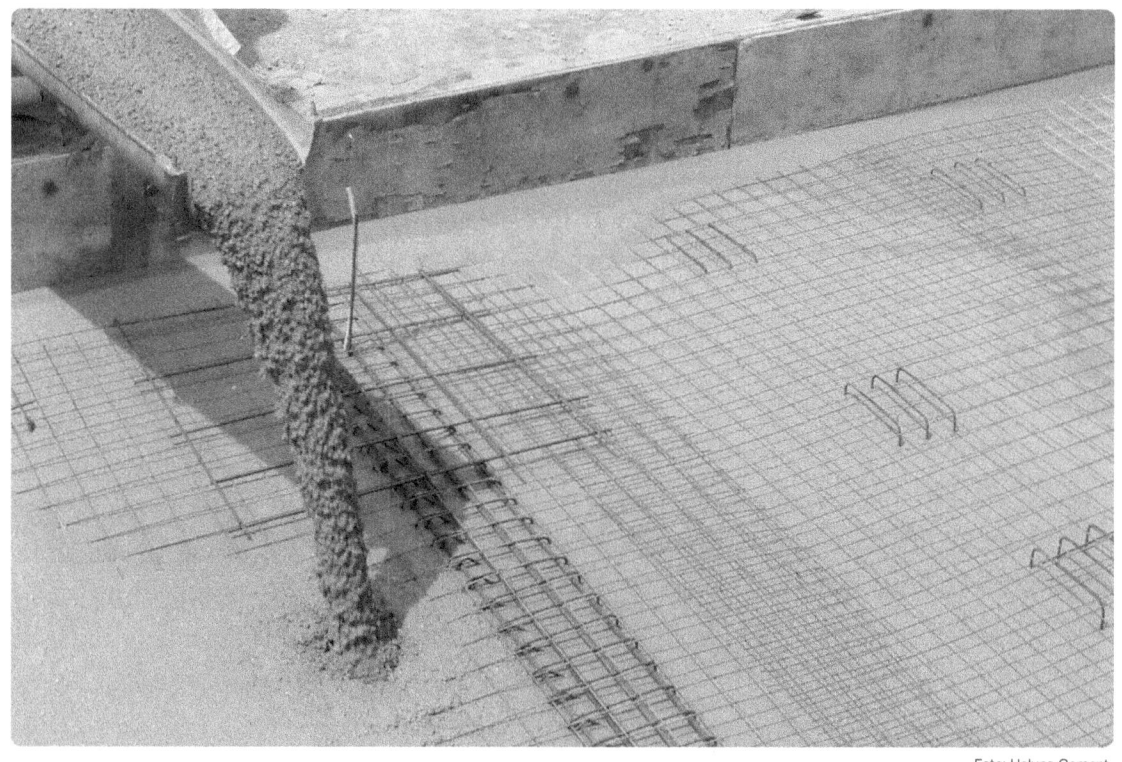

Foto: Halyps Cement

O Concreto Auto Adensável (CAA) apresenta consistência líquida e alta coesão, dispensando o uso de vibradores

6. CAA

O concreto auto adensável (CAA) foi desenvolvido no Japão na década de 1980. Consiste num concreto com alta fluidez, coeso, capaz de preencher as fôrmas, adensando-se pelo seu peso próprio sem necessitar de vibração interna ou externa.

O CAA deve ainda ser capaz de fluir sem se segregar, ou seja, as partículas de agregado devem ser distribuídas de forma homogênea na mistura, tanto em repouso quanto ao fluir pelos diversos obstáculos, como por exemplo, ao passar pelas barras de aço.

A alta fluidez e coesão do CAA é alcançada com o uso de aditivos superplastificantes e modificadores de viscosidade.

Algumas vantagens do concreto auto adensável, em relação

ao concreto convencional, são descritas a seguir:

Melhor adensamento da mistura
A fluidez do CAA minimiza a presença de vazios (ninhos), melhorando o acabamento e reduzindo a necessidade de reparos após a concretagem.

Menor poluição sonora
Como esse tipo de concreto se adensa sem a necessidade de vibração, o barulho durante a concretagem é minimizado. Isso é particularmente interessante no caso de reformas em locais sensíveis, como por exemplo, hospitais e escolas.

Menor mão de obra
 O CAA possibilita uma redução do número de trabalhadores durante a concretagem.

Menor tempo de execução
O CAA apresenta maior facilidade de bombeamento e velocidade de concretagem.

O concreto auto adensável vem sendo utilizado de forma expressiva em países cuja mão de obra é cara. No caso do Brasil, ainda tem um uso mais restrito devido a aspectos econômicos.

O ensaio mais comum para avaliar a trabalhabilidade deste tipo de concreto é o *Slump Flow Test*, mostrado anteriormente.

7. CCR

O concreto compactado com rolo (CCR) é um material empregado na construção de barragens, pavimentos e pisos. No caso de pavimentos, o CCR poderá ser utilizado tanto na base, recebendo uma camada superior de revestimento, ou como o próprio revestimento definitivo da via.

Os materiais constituintes do CCR são, basicamente, os mesmos empregados no concreto convencional, ou seja, cimento, areia, brita e água. As diferenças principais residem na forma de adensamento e no traço, ou seja, no proporcionamento dos diferentes materiais.

O CCR deve ser produzido com um baixo teor de água. A consistência seca possibilita a movimentação de pesados rolos compressores vibratórios sobre a superfície, sem espraiar o concreto.

Em relação aos concretos convencionais, o CCR apresenta maior teor agregados e menor consumo de cimento. O baixo consumo de cimento, além de aspectos econômicos, reduz o calor de hidratação, e consequentemente, minimiza a ocorrência de fissuras e trincas de origem térmica.

O Concreto Compacto com Rolo (CCR)

O concreto compactado com rolo pode ser lançado em camadas. O rolo executa várias passadas, de modo a garantir o adequado adensamento do material.

Para aferir a qualidade dos serviços, são feitos ensaios em laboratório e em campo. Em relação aos concretos convencionais, a avaliação da resistência à compressão é menos importante.

O que impera neste tipo de obra é a avaliação da massa específica da camada. O grau de adensamento em campo é comparado com o grau máximo de compactação obtido no laboratório.

8. CONCRETO PROJETADO

Este tipo de concreto é transportado por meio de tubulações e projetado sob pressão, com auxílio de ar comprimido, em alta velocidade sobre uma superfície. Pode ser utilizado para revestimento de túneis, canais e taludes.

As principais vantagens do concreto projetado são a velocidade de execução e o fato de não precisar fôrmas. O impacto do material sobre a superfície promove a compactação, sem a necessidade de vibradores.

Neste tipo de concreto, é muito comum o emprego de aditivos aceleradores de pega.

O concreto pode ser projetado por via seca ou úmida. No primeiro caso, a areia, a brita e o cimento são conduzidos secos por meio de ar comprimidos até o bico de projeção, somente neste ponto é acrescentada a água. No segundo caso, os materiais são misturados com água antes da projeção e são conduzidos úmidos.

Diferenças entre a projeção via seca e via úmida

Fator	Via seca	Via úmida
Equipamento	menor investimento	menor consumo de ar comprimido
Mistura	na obra ou na usina	na usina
reflexão	15 a 50%	menor que 10%
poeira e névoa gerada	grande	pouca
produção	menor que 5 m³/h	até 20 m³/h
homogeneidade	menor	maior

Adaptado de: Figueiredo e Helene (1993)

Denomina-se reflexão o processo que ocorre durante a projeção do concreto, na qual parte do material reflete, ou seja, não fica incorporada na superfície, caindo no chão.

O índice de reflexão é a relação entre a massa do material refletido pela massa do material projetado. Quando menor a reflexão, menor será o desperdício do material.

Observa-se que o concreto projetado apresenta limitações de diâmetro máximo do agregado graúdo.

9. CONCRETOS LEVES

A massa específica dos concretos convencionais varia entre 2000 a 2800 kg/m³. Já os concretos leves apresentam massa específica entre 400 kg/m³ a 2000 kg/m³.

Em relação aos concretos convencionais, os concretos leves apresentam várias vantagens e desvantagens. Proporcionam melhor isolamento térmico, acústico e contra o fogo. Além disso, sobrecarregam menos a estrutura devido ao seu baixo peso próprio. Porém, apresentam menores resistências.

Alguns tipos de concretos leves podem ser empregados com função estrutural, desde que alcancem resistência à compressão superior a 17 MPa aos 28 dias de idade.

O concreto com agregados leves e o concreto celular são os dois principais tipos de concretos leves utilizados em obras.

Em qualquer tipo de concreto leve, a menor densidade é obtida pela introdução de espaços vazios. Os agregados leves apresentam os vazios (poros) no interior dos grãos. Enquanto no caso do concreto celular, os vazios são introduzidos por meio de bolhas na argamassa.

Concreto produzido com argila expandida

9.1. Concreto com Agregados Leves

Existem vários tipos de agregados leves que podem ser utilizados para a produção de concretos, tais como: argila expandida, vermiculita expandida, pedra pome, entre outros. Além do agregado em si, é possível, usar EPS (isopor).

Os vários tipos de agregados leves possibilitam uma ampla faixa variação da massa específica do concreto.

As resistências desses concretos à compressão variam de 0,2 MPa até cerca de 30 MPa

9.2. Concreto Celular

O concreto celular é também chamado de concreto aerado. De forma rigorosa, a designação concreto é inadequada, pois, em geral, não são empregados agregados graúdos.

Basicamente, existem dois processos para confecção de concretos celulares. O primeiro é por meio da adição de um produto (geralmente, pó de alumínio) que gera uma reação química na argamassa fresca, de modo a incorporar grande quantidade de bolhas. O segundo modo é por meio da adição de um produto espumoso. (Neville e Brooks, 2013)

O concreto celular pode ser até cerrado devido à distribuição uniforme de suas bolhas de ar.

9

Materiais Betuminosos

Foto: Canstock

O asfalto (betume) é um dos materiais de construção mais antigos empregados pelo homem, sendo citado em diversas passagens da Bíblia Sagrada.

Neste capítulo, abordaremos os materiais betuminosos. Em virtude de suas características, eles são utilizados na execução de pavimentos asfálticos e em serviços de impermeabilização.

Atualmente, o asfalto é obtido a partir do refino do petróleo

1.INTRODUÇÃO

O asfalto é um hidrocarboneto, de cor preta, altamente viscoso, adesivo e impermeável. É considerado como um aglomerante quimicamente inerte, visto que para endurecer (solidificar) não necessita que ocorra nenhuma reação química. Seu endurecimento se dá apenas pela redução da temperatura.

Antigamente, o asfalto era obtido apenas da exploração de depósitos naturais, denominados de "lagos de asfaltos".

Atualmente, a obtenção de asfalto é realizada por meio da destilação do petróleo, sendo uma de suas frações mais pesadas. O produto resultante deste processo é chamado de Cimento Asfáltico de Petróleo (CAP). Do refino do petróleo são extraídos outros produtos mais leves, tais como: gasolina, diesel e querosene.

CBUQ ⟶

Foto: Canstock

2. CAP e CBUQ

O Cimento Asfáltico de Petróleo (CAP) é um material termoplástico, ou seja, sua plasticidade varia em função da temperatura. Em temperaturas baixas, ele se aproxima do comportamento de um sólido. Já em temperaturas altas, toma a forma de um líquido.

No Brasil, a pavimentação asfáltica é a principal forma de revestimento rodoviário.

O pavimento asfáltico mais nobre é o Concreto Asfáltico, também chamado de Concreto Betuminoso Usinado à Quente, ou simplesmente (CBUQ).

O CBUQ é uma mistura constituída de cimento asfáltico de petróleo (CAP) e agregados de vários tamanhos. Quando bem dosado e executado, é um produto impermeável, resistente, durável e flexível.

Foto: Canstock

O CBUQ precisa de altas temperaturas para ser misturado e compactado

A quantidade de ligante asfáltico requerida para cobrir as partículas de agregado e preencher os vazios não pode ser muito grande. Geralmente, o teor de asfalto alcança valores compreendidos entre 4,5% a 6,0% da massa da mistura. (Bernucci et al, 2006)

O CAP precisa ser aquecido a altas temperaturas para obter consistência adequada para envolver os agregados e formar o concreto asfáltico. Além disso, a temperatura de aplicação do CBUQ varia de 110 a 170 ºC.

Existem diversos ensaios que são feitos no CAP e no CBUQ. Em virtude da delimitação de escopo, eles não serão tratados neste livro.

A partir do Cimento Asfáltico de Petróleo (CAP) podem ser produzidos outros produtos asfálticos, tais como: a emulsão asfáltica, o asfalto diluído e o asfalto borracha.

Asfalto Diluído

CAP + **SOLVENTE**

para tornar a mistura líquida

Após aplicação do asfalto diluído, **o solvente evapora** totalmente, deixando como resíduo apenas o **CAP**. Este processo é chamado de **cura** do asfalto diluído.

3. ASFALTO DILUÍDO

Asfalto diluído é um material resultante da diluição do CAP por um destilado de petróleo (solvente) com a função de tornar a mistura líquida.

Após aplicação do asfalto diluído, o solvente evapora, deixando como resíduo o CAP. Este processo é chamado de **cura** do asfalto diluído.

Você não deve confundir a cura do asfalto diluído com a cura do concreto de Cimento Portland. São fenômenos completamente diferentes, tão distintos quanto: manga (camisa) e manga (fruta).

As vantagens do asfalto diluído são: menor viscosidade, maior facilidade de aplicação, podem ser aplicados em temperaturas baixas. A principal desvantagem é o fato de ser inflamável.

O asfalto diluído pode ser empregado em serviços de impermeabilização.

Emulsão Asfáltica

O agente emulsificante permite que as partículas de asfalto permaneçam em suspensão na água por um determinado tempo. Após a aplicação do material, há a ruptura da mistura, água evapora e sobra o cimento asfáltico.

4. EMULSÃO ASFÁLTICA

Uma emulsão é uma mistura de líquidos imiscíveis. No caso da emulsão asfáltica, os materiais são o asfalto e a água. Para que os componentes permaneçam misturados é necessário o acréscimo de um agente emulsificante.

A emulsão asfáltica pode ser aplicada como impermeabilizante em lajes e outros elementos. Ademais, ela pode ser utilizada para produção de um revestimento asfáltico, chamado Pré-Misturado a Frio (PMF) empregado para pavimentação. A principal vantagem do PMF em relação CBUQ é que, como o próprio nome diz, ele não precisa de aquecimento para ser usado. Assim, o PMF pode ser executado com equipamentos mais simples.

Uma emulsão asfáltica tem cerca de 60% de asfalto, 1% de emulsificante e o restante de água.

5. ASFALTO BORRACHA

A borracha moída dos pneus inservíveis pode ser empregada na produção de misturas asfálticas de formas distintas: processo via seca e processo via úmida.

No processo via seca, a borracha moída é adicionada na forma de agregados na fabricação de concretos asfálticos.

No processo via úmida, a borracha é incorporada ao ligante asfáltico (CAP) sob altas temperaturas, cerca de 170 a 200°C, formando um cimento asfáltico modificado, denominado simplesmente de asfalto borracha.

Ao contrário do primeiro processo, o segundo (via úmida) melhora de forma significativa as propriedades técnicas das misturas asfálticas.

O asfalto borracha apresenta diversas vantagens em relação

Pneus inservíveis

Processamento da borracha, retirada dos demais elementos

A borracha moída é misturada, sob alta temperatura, ao asfalto

Posterior, emprego em serviços de pavimentação

Formação do asfalto borracha

Fonte: Elaboração própria

Esquema da produção do asfalto borracha

ao asfalto convencional. A adição de borracha confere maior elasticidade (flexibilidade) ao produto, reduz sua oxidação (envelhecimento), aumenta a sua resistência mecânica, minimiza a ocorrência de trincas e afundamentos de trilhas de rodas. Devido a este conjunto de benefícios, a durabilidade do pavimento é aumentada.

No entanto, como qualquer material, o asfalto borracha também apresenta algumas desvantagens. Uma das principais é a necessidade de temperaturas mais altas para usinar o material e compactá-lo em campo. Ademais, a manutenção de temperaturas mais altas gera um maior consumo de energia (queima de combustível), o que acarreta maior poluição atmosférica.

De forma geral, os benefícios do asfalto borracha superam as suas deficiências.

6. MANTA ASFÁLTICA

As mantas asfálticas são produtos impermeáveis à base de asfaltos modificados, fabricados em rolos, com o auxílio de agentes estruturantes.

O asfalto modificado presente na composição da manta é o responsável pela impermeabilização da superfície.

Existem diversos tipos diferentes de mantas asfálticas disponíveis no comércio.

Em relação ao estruturante interno pode ser composto de vários tipos distintos de materiais, tais como: filme de polietileno, véu de fibra de vidro, não tecido de poliéster e tela de poliéster.

No tocante à espessura, as mantas asfálticas podem apresentar de 3 mm até 5 mm. Quando maior a espessura, melhor o desempenho do material.

Foto: Canstock

Aplicação da manta asfáltica

As mantas asfálticas são materiais termoplásticos. Para execução dos serviços de impermeabilização, necessitam ser aquecidas de forma a se tornarem maleáveis. Isso pode ser conseguido com o uso de maçaricos.

As emendas constituem pontos críticos dos serviços de impermeabilização. Desta forma, são executadas sobreposições parciais entre as mantas.

Após a aplicação da manta, devem ser executados testes de estanqueidade com a finalidade de detectar qualquer falha na impermeabilização.

As principais vantagens do uso de mantas asfálticas como materiais de impermeabilização de superfícies são: obtenção de espessura constante, relativa facilidade de aplicação, agilidade na execução, não necessidade de cura e boa qualidade.

10
Argamassa

Embora a confecção de argamassa seja simples, muitas patologias ocorrem por falta de conhecimento deste importante material.

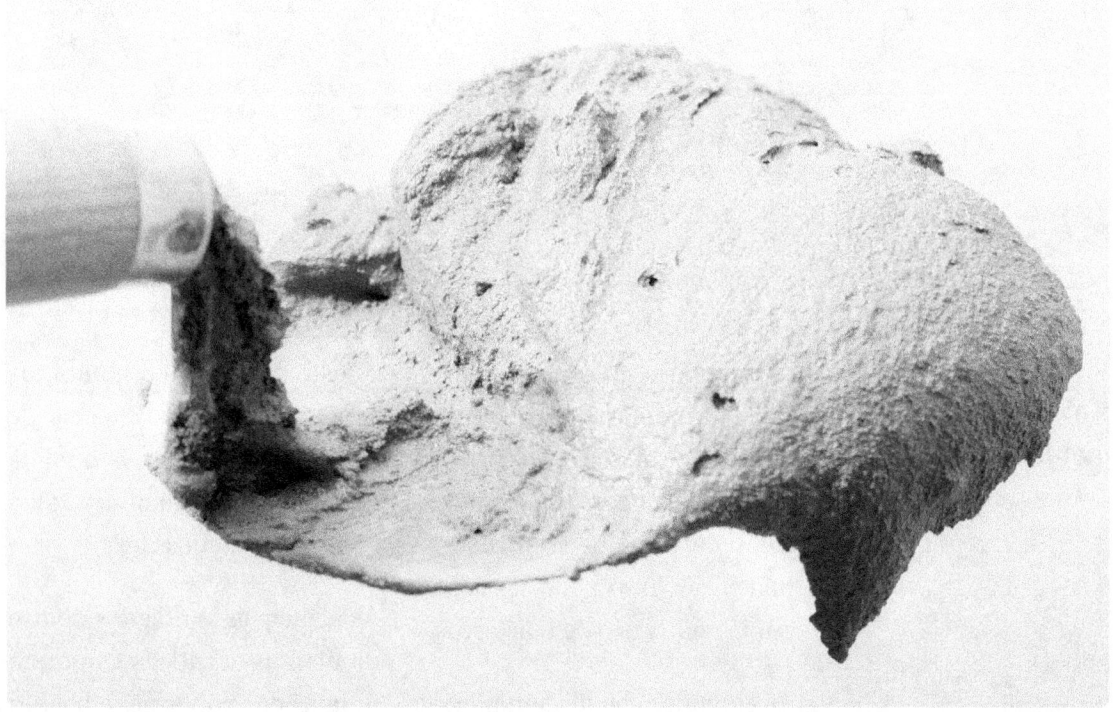

Foto: Canstock

As argamassas podem ser empregadas para revestimento de paredes, colagem de placas, rejuntamento, assentamento de alvenaria, entre outros usos.

Neste capítulo, você aprenderá um pouco sobre as principais matérias primas, as formas de preparo, os diferentes tipos de argamassa e suas características.

1. MATÉRIAS PRIMAS

Argamassa é uma mistura homogênea de um ou mais aglomerantes, agregado miúdo e água. Além disso, os aditivos podem ser empregados com a finalidade de melhorar suas propriedades.

O cimento contribui para o incremento da resistência e durabilidade da argamassa. Entretanto, o excesso pode acarretar problemas, a exemplo, do aumento da fissuração.

A utilização de cal hidratada melhora as características de trabalhabilidade e capacidade absorver deformações. Entretanto, a cal reduz a resistência da mistura.

As cales hidratadas são divididas em três classes de acordo com sua composição: CH-I, CH-II e CH-III. A principal diferença consiste no grau de impureza do produto. A produção da CH-III é mais econômica que a CH-I e isso reflete na qualidade do produto.

A água permite a ocorrência das reações entre os diversos componentes, sobretudo as do cimento e possibilita a trabalhabilidade do composto.

A granulometria, a forma dos grãos e natureza do agregado miúdo (areia lavada, areia de cava, areia britada, etc.) influenciam fortemente em todas as propriedades da argamassa.

2. TRAÇO

O traço da argamassa indica a proporção dos materiais por unidade de cimento, podendo ser expresso em massa ou em volume. A seguir exemplos de traços: 1:3 (uma parte de cimento para três de agregado miúdo); 1:2:9 (uma parte de cimento, para duas partes de cal, para 9 partes de agregado miúdo).

3. FORMAS DE PREPARO

3.1. Rodada na Obra

Argamassa rodada na obra é aquela cujos materiais constituintes são medidos em volume ou massa e são misturados na própria obra. Sempre que possível deve se usar betoneiras. Na sua falta, deve-se no mínimo empregar uma masseira para evitar o contato da argamassa com as impurezas do chão.

Vantagens: possibilidade de execução de traços diferentes; em alguns casos, menor custo.

Desvantagens: necessidade de maior controle de qualidade dos materiais e da dosagem; menor produtividade; grande desperdício; geralmente, menor qualidade.

3.2. Industrializada

Argamassa industrializada é aquela cujos materiais são dosados de forma controlada em instalação própria, vendidas em estado seco e homogêneo. O usuário somente precisa adicionar a quantidade de água requerida.

Foto: Elaboração própria

Existem inúmeras marcas e tipos distintos de argamassa industrial disponíveis no mercado da construção civil.

Vantagens: melhor forma de armazenamento e transporte; menor desperdício; maior controle de qualidade, maior produtividade, entre outras.

Desvantagens: em alguns casos, preço ligeiramente superior à rodada na obra.

3.3. Usinada em Central

Da mesma forma do concreto usinado, a argamassa usinada já chega pronta para uso. Algumas argamassas usinadas são estabilizadas por meio de aditivos que as mantém trabalháveis (fluídas) por cerca de 36 a 72 horas.

Foto: Cimentos Itambé

Vantagens: maior produtividade; menor quantidade de mão de obra; bom controle de qualidade.

Desvantagens: preço superior às demais; necessidade de compra de maiores volumes.

4. TIPOS

As características das argamassas variam conforme o tipo de aplicação. A seguir veremos alguns tipos de argamassas.

Foto: Canstock

Argamassa de assentamento de alvenaria

4.1. Argamassa de Assentamento

A argamassa de assentamento de alvenaria é empregada para elevação de paredes e muros. Pode ser preparada na obra ou comprada pronta.

A argamassa de assentamento tem diversas funções: une as unidades de alvenaria (blocos ou tijolos) de forma constituir um elemento único; possibilita a distribuição uniforme das cargas atuantes na parede por toda a área dos blocos e tijolos; absorve as tensões causadas pela dilatação e retração que a alvenaria está sujeita em função de variações térmicas e higroscópicas; proporciona estanqueidade à parede contra ação da água.

4.2. Argamassa de Revestimento

Os revestimentos internos e externos de argamassa contribuem para a regularização da superfície do substrato, impermeabilização, proteção contra intempéries e melhorias termo acústicas nos ambientes.

O revestimento argamassado tradicional é composto por três camadas superpostas: **chapisco, emboço e reboco**.

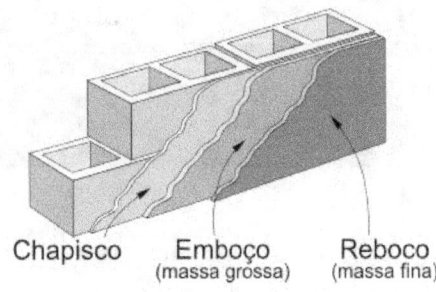

Chapisco   Emboço   Reboco
(massa grossa)   (massa fina)

Fonte: Mãos à obra

4.2.1. Chapisco

De forma rigorosa, o chapisco não é propriamente uma camada de revestimento. É considerada uma camada de preparo da base com finalidade de uniformizar a superfície quanto à absorção e tornar a base mais rugosa (melhorar a aderência do revestimento). O chapisco é preparado com uma argamassa composta por areia grossa e rica em cimento. Sua espessura varia entre 3 e 5 mm.

4.2.2. Emboço

A camada de emboço, também chamada de massa grossa, é a aplicada, geralmente, após o chapisco. Essa camada corrige pequenas irregularidades, melhora o acabamento da alvenaria e protege a parede contra as intempéries. É a camada mais espessa do revestimento, com espessura variando entre 1,5 e 2, cm (ambiente interno) e de 3 a 4 cm (ambiente externo).

Em alguns casos, podemos adicionar uma malha metálica à camada de emboço para melhorar a resistência à tração e reduzir a ocorrência de fissuras no revestimento.

4.2.3. Reboco

O reboco, também chamado de massa fina, tem cerca de 5 mm de espessura. Constitui a camada lisa que torna a textura da parede mais fina para receber pintura. Pode ser substituída pela massa corrida. Emprega areia de granulometria mais fina. Quando for aplicado o revestimento cerâmico, a camada de reboco pode ser suprimida.

4.2.4. Camada única

No Brasil, é muito comum aplicar apenas um tipo de argamassa como revestimento. Esta técnica é chamada de camada única. Sobre essa camada, pode-se aplicar diretamente a camada decorativa, como, por exemplo, a pintura.

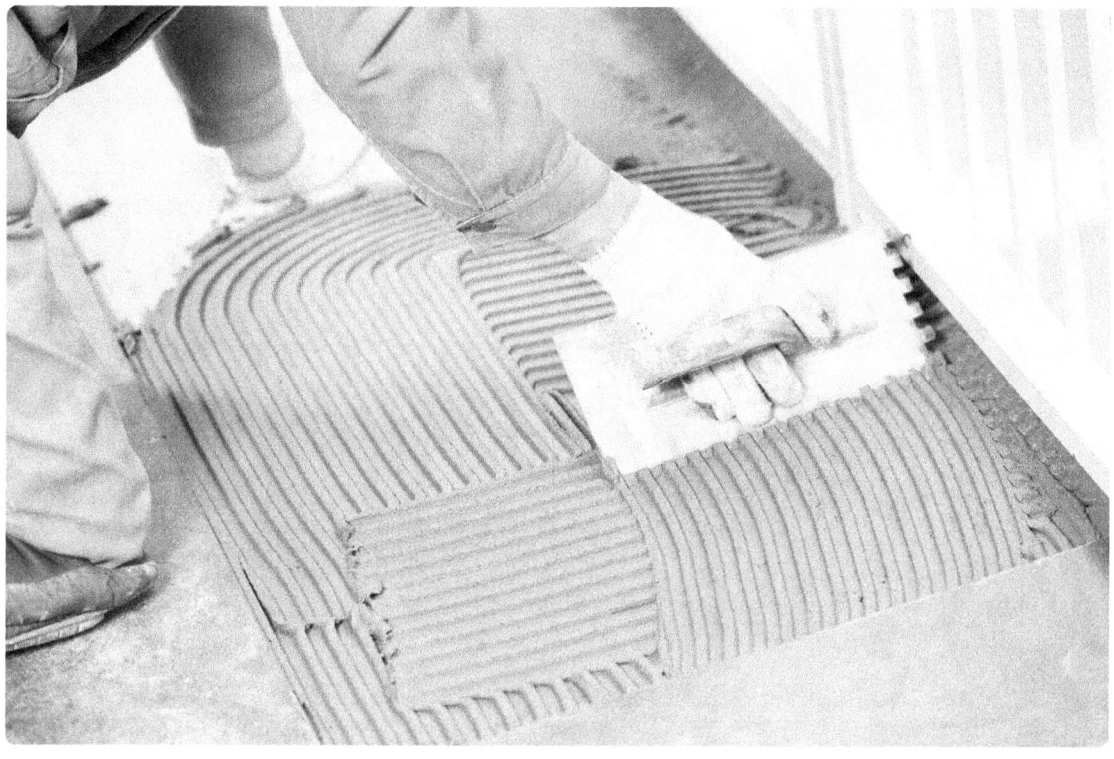

Assentamento de placas cerâmicas com argamassa colante

4.3. Argamassa Colante

Argamassa colante é um produto industrial vendido em sacos no estado seco. É composto de cimento, agregados e aditivos químicos. Para seu uso, basta misturar a água na medida certa, conforme indicação do fabricante.

As argamassas colantes são empregadas para assentamento de placas cerâmicas e pedras aos revestimentos. Em geral, os fabricantes produzem argamassas especiais para cada tipo de aplicação (cerâmica interna, cerâmica externa, porcelanato, grandes formatos, piso sobre piso, pastilha, bloco de vidro, pedra e mármore).

A aplicação da argamassa é feita com auxílio de uma desempenadeira

4.3.1. Forma de aplicação

A argamassa colante deve ser aplicada com auxílio de uma desempenadeira dentada, formando cordões ou sulcos. O tamanho dos dentes da desempenadeira depende do tamanho da placa que será assentada.

As placas devem ser aplicadas sobre a argamassa, com auxílio de pressão, amassando os cordões de argamassa colante até entrarem em contato com todo o verso da placa.

Alguns cuidados são importantes. A superfície da base não deve apresentar desvios de prumo e deve estar seca e isenta de poeiras, tintas ou qualquer outra substância que possa diminuir a ancoragem da argamassa no substrato.

4.3.2. Tipos de argamassa colante

Os agentes climáticos (chuva, calor e frio) atuam sobre o revestimento. As placas cerâmicas têm a tendência de dilatarem ou retraírem em função de variações temperatura e umidade, gerando tensões sobre o revestimento. Para um perfeito assentamento, é necessário que você saiba escolher corretamente o tipo de argamassa colante que irá empregar em sua obra.

Variações climáticas que incidem sobre a fachada

Fonte: Guia Weber

As argamassas colantes são classificadas em três grupos, em ordem de exigências e qualidade: AC-I, AC-II e AC-III.

AC-I

Argamassa colante do tipo I apresenta propriedades compatíveis para assentamento de placas cerâmicas apenas em áreas internas (secas ou molháveis). Lembre-se de não empregar esse tipo de produto em fachadas e áreas externas.

AC-II

A argamassa colante do tipo II possui propriedades melhores que AC-I. Pode ser aplicada tanto em revestimentos internos quanto nos revestimentos externos da edificação. Além disso, podem ser empregadas também em piscinas de água fria e pisos cerâmicos expostos ao ar livre.

AC-III

A argamassa colante do tipo III possui propriedades superiores às duas anteriores, principalmente, no que tange a sua capacidade de aderência ao substrato. Lembre-se "quem pode o mais, pode o menos", assim, a AC-III pode ser aplicada nos ambientes recomendados para AC-I e AC-II.

A AC-III é indicada para assentamento de porcelanatos e revestimentos cerâmicos em piscinas de água quente, saunas, etc.

Atualmente, existe grande variedade de cores de rejunte

4.4. Argamassa para Rejuntamento

As construções sofrem muito com as tensões provocadas pelas variações de temperatura e umidade.

No caso dos revestimentos cerâmicos, devem ser previstas juntas para absorver a movimentação, diminuindo a incidência de trincas e descolamento da placa.

As juntas de rejuntamento apresentam de 2 a 10 mm de espessura.

A argamassa de rejuntamento, também denominada de rejunte, geralmente, é produzida a base de cimento branco. É um material industrializado próprio para preencher as juntas de assentamento entre as placas cerâmicas e dar acabamento estético ao revestimento.

Foto: Elaboração própria

4.5. Argamassa de Contrapiso

O contrapiso consiste em uma camada de argamassa assentada sobre um substrato, desempenhando várias funções, tais como: regularizar a base; possibilitar o desnível entre os ambientes; proporcionar declives para o escoamento de água (caimento); servir de substrato para o revestimento final, melhorar o conforto acústico e térmico do ambiente.

4.5.1. Tradicional

Os contrapisos são executados, tradicionalmente, com uma argamassa de consistência seca (chamada geralmente na obra de "farofa"), energicamente compactada contra a base. Um traço comum para este tipo de serviço é o 1:6 (uma parte de cimento para seis de areia).

As patologias mais comuns são desagregação superficial (esfarelar) e caimento errado.

A produtividade da argamassa autonivelante é muito maior do a da argamassa tradicional

4.5.2. Autonivelante

Além da argamassa de contra-piso tradicional, atualmente está se tornando comum o uso de uma argamassa de consistência muito fluída, chamada de autonivelante.

Esse tipo de argamassa tem uma produtividade enorme. Pelo fato de ser praticamente líquida, as operações de nivelar, sarrafear e desempenar não são necessárias. Demanda apenas a passagem de um rolo sobre a argamassa fresca para remover o excesso de ar aprisionado.

As desvantagens deste tipo de argamassa são: maior custo; formação de uma camada muito lisa que pode prejudicar a aderência com as camadas superiores; e impossibilidade de uso em áreas molhadas e molháveis, como banheiros e cozinhas (impossibilidade de executar o caimento).

5. PROPRIEDADES DA ARGAMASSA

Neste tópico, mencionaremos de forma breve algumas propriedades das argamassas.

5.1. Trabalhabilidade

A seguir serão descritos dois ensaios que avaliam a consistência da argamassa, com a finalidade de estimar a trabalhabilidade.

5.1.1. Ensaio de espalhamento

O ensaio de espalhamento consiste em avaliar o **diâmetro** de uma amostra de argamassa, moldada sobre a forma de um tronco cone sobre uma mesa de ensaio padrão.

A figura a seguir mostra como é feito o ensaio: (a) moldagem do tronco cone; (b) aplicação dos golpes; (c) medida do espalhamento.

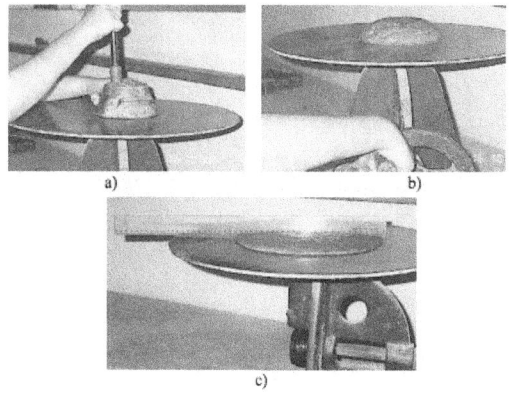

Fonte: Araújo Jr. (2004)

5.1.2. Ensaio de penetração do cone

O ensaio de penetração do cone é relativamente simples. Depois de preparada, a argamassa é colocada em um recipiente cilíndrico. Em seguida, o cone é posicionado rente à superfície e liberado, penetrando na argamassa apenas pela ação da gravidade.

Fotos: Araújo Jr. (2004)

A medida da **penetração** em mm é o resultado do ensaio. Quando maior for a penetração, mais trabalhável é a argamassa.

5.2. Adesão Inicial

A adesão inicial é a propriedade da argamassa permanecer aderida ao substrato após sua aplicação, não significando, necessariamente, sua completa adesão ao longo tempo. A adesão inicial, também pode ser chamada de "pegajosidade". Embora indesejáveis, as falhas de adesão são comuns nas obras.

Adesão inicial
Insatisfatória

Fotos: Gonçalves (2004)

Adesão inicial durante a aplicação

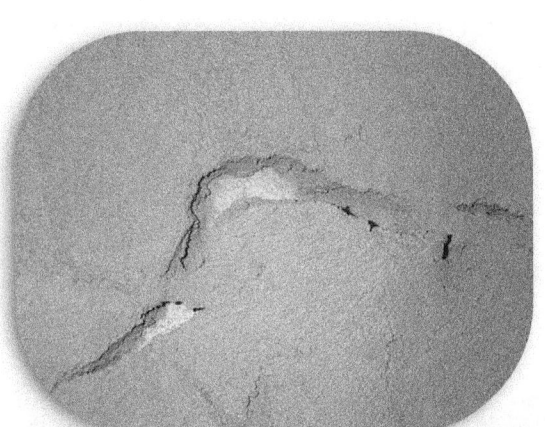

Logo após o lançamento, a argamassa sofre
retração ainda no estado fresco e fissura.

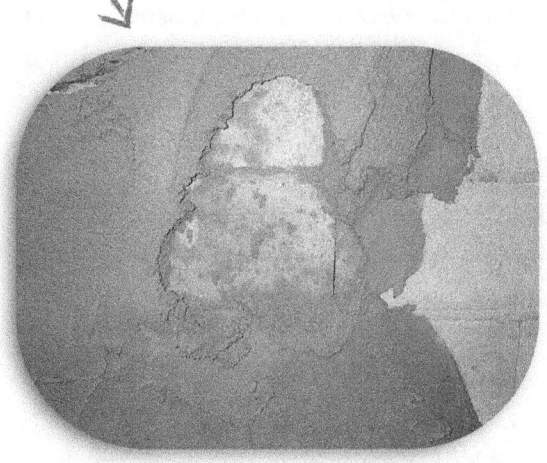

A adesão inicial deficiente causa o descolamento da argamassa. O peso próprio
majora o efeito do escorregamento

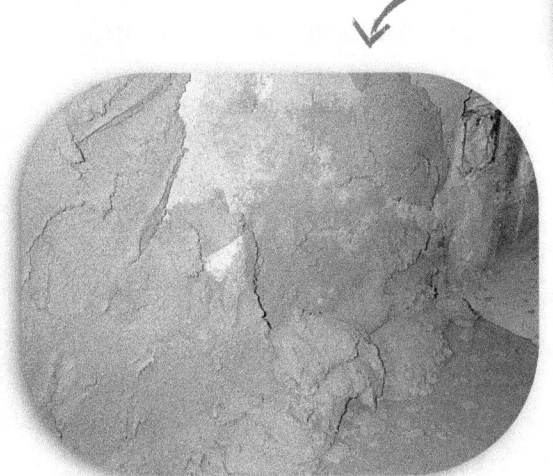

Material totalmente descolado do substrato

5.3. Deformabilidade

Geralmente, as argamassas são empregadas para unir materiais de diferentes naturezas e, consequentemente, diferentes coeficientes de dilatação. Assim, a argamassa deve apresentar uma boa capacidade de absorver deformações, sem apresentar fissuras e trincas.

5.4. Aderência

Aderência é a capacidade do revestimento de resistir a tensões que atuam na interface entre o substrato e camada de argamassa.

A aderência é um fenômeno, primordialmente, mecânico. A penetração da argamassa nos poros e na rugosidade do substrato proporciona uma ancoragem. Quanto maior a extensão de contato entre a argamassa e o substrato, maior será a aderência. As próximas fotos (ampliadas) mostram detalhes da interface argamassa-substrato.

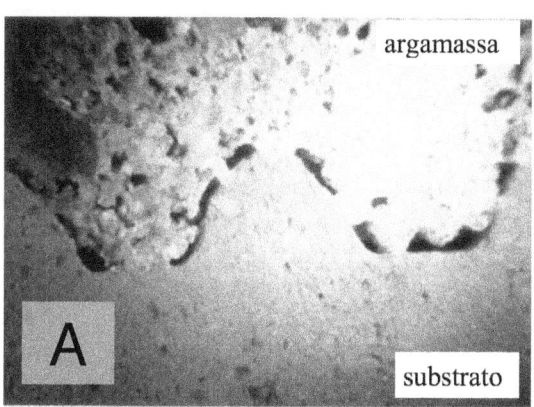

Foto: Carasek (1996)

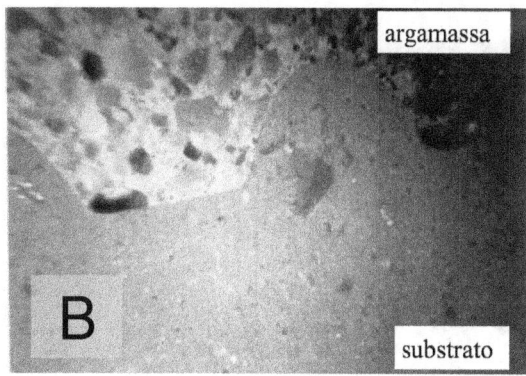

Foto: Carasek (1996)

A foto (A) apresenta uma região com baixa extensão de aderência, enquanto a segunda (B) mostra um local com grande extensão de aderência da argamassa ao substrato.

Para avaliar a aderência das camadas de argamassa ao substrato, pode ser realizado o ensaio de aderência à tração. (veja a foto).

Vista lateral do ensaio de aderência

Foto: Silva (2006)

A resistência de aderência à tração para parede externa com acabamento cerâmico deve ser superior a 0,3 MPa (NBR 13.749).

Deslocamento do revestimento cerâmico

A falta de aderência pode causar o descolamento do revestimento. Essa patologia, quando ocorre na fachada, afeta o "cartão de visita" da edificação, reduz a durabilidade do empreendimento, possibilita a ocorrência de infiltrações e põe em risco a vida de pedestres pela queda de placas.

Para minimizar a ocorrência do descolamento do revestimento cerâmico, devem ser tomados cuidados desde o projeto até a execução do acabamento, com enfoque no controle da qualidade dos materiais utilizados e na compatibilidade dos elementos entre si.

11

Materiais Cerâmicos

Os materiais cerâmicos são os produtos mais antigos manufaturados pelo homem

Foto: Canstock

Atualmente, a cerâmica está presente em vários tipos de indústria. Pode ser utilizada no artesanato, na construção civil ou até mesmo na tecnologia espacial, com a fabricação de componentes de naves.

No setor de construção civil, esses materiais estão presentes em várias fases da edificação: na alvenaria (tijolos e blocos), na cobertura (telhas), no acabamento (azulejos e porcelanatos), etc.

Estatuas moldadas com argila há mais de 2200 anos

1. INTRODUÇÃO

A cerâmica é o material mais antigo produzido pelo homem. A origem do termo cerâmica é proveniente do grego "*keramos*" que significa terra queimada ou argila queimada.

Pesquisas apontam que a produção da cerâmica tem cerca de 10 mil anos de história. Você pode perceber que, frequentemente, este tipo de material é encontrado em escavações arqueológicas.

Para você ter uma ideia da versatilidade e durabilidade dos materiais cerâmicos, observe os Guerreiros de Xian, produzidas há cerca de 2200 anos. Ao total, foram enterradas mais de 8.000 esculturas de soldados junto ao mausoléu imperador da China Qin Shi Huang. Essas esculturas foram descobertas intactas na década de 1970.

Argila é a base dos materiais cerâmicos

2. DEFINIÇÕES

Cerâmica é um produto obtido, geralmente, a partir da moldagem, secagem e cozimento de argilas.

Argila é um tipo de solo muito fino, chamado popularmente de barro. Quando na presença de água, forma uma pasta que pode ser moldada. Com a perda da umidade, endurece.

3. FABRICAÇÃO

O processo de fabricação varia conforme o tipo de produto cerâmico. Porém, em linhas gerais, podemos citar as seguintes etapas principais:

Extração: consiste no processo de retirada e tratamento da matéria prima.

Beneficiamento: após a extração, os materiais devem ser beneficiados por meio do proces-

Fonte: Harneis, J.

Tijolos maciços manufaturados

so de moagem e dosados de forma apropriada.

Formação das peças: o modo de conformação varia conforme o tipo de peça. Os processos mais usuais são: colagem, prensagem e extrusão.

Secagem: consiste na eliminação da água empregada na moldagem das peças. É uma etapa muito importante, pois uma secagem deficiente pode acarretar fissuras, com significativos prejuízos à qualidade do produto.

Queima: nos fornos, a altas temperaturas, ocorre a transformação da estrutura química e física do material. Quando mais lenta e homogênea for a queima, melhor será a qualidade do produto.

Esmaltamento: muitos materiais cerâmicos recebem uma camada fina de esmalte ou vidrado.

4. TIPOS

Para facilitar o entendimento, vamos separar os materiais cerâmicos usados na construção civil segundo as finalidades em: alvenaria, telhas e revestimento. As louças cerâmicas não serão abordadas.

4.1. Alvenaria

Alvenaria é o processo de construção de paredes e muros, usando tijolos, pedras ou blocos. A consolidação destes materiais é feita por meio da argamassa de assentamento, conforme visto no capítulo 10.

As unidades de alvenaria de concreto ou de cerâmica podem ser classificadas em dois grandes grupos: estruturais ou de vedação. Os blocos estruturais têm a função de suportar as cargas da edificação. Já os blocos de vedação apenas separam e protegem os ambientes.

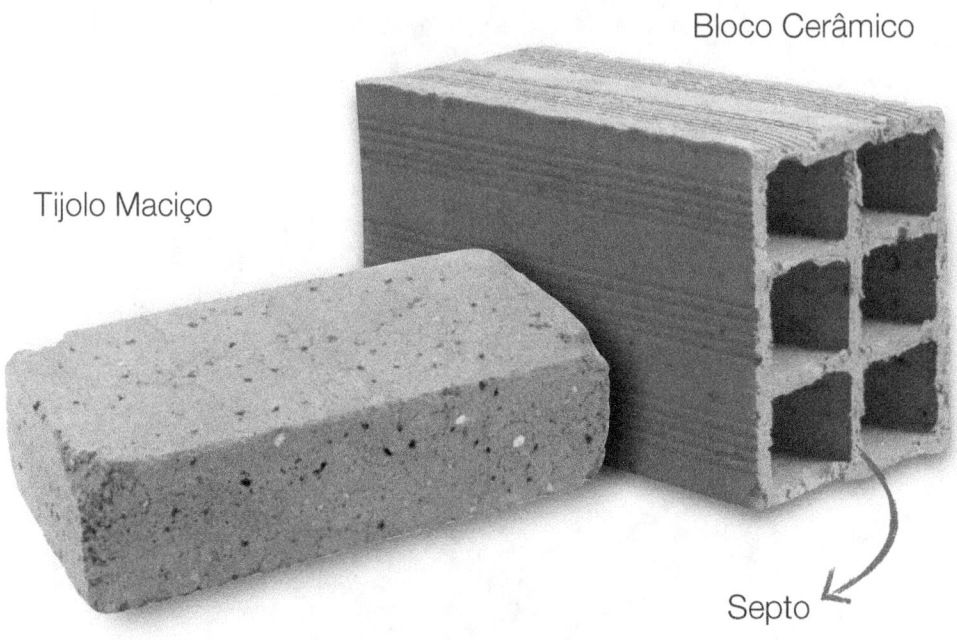

Bloco Cerâmico

Tijolo Maciço

Septo

Tijolos e Blocos Cerâmicos

Os tijolos maciços e blocos cerâmicos apresentam bom desempenho acústico e térmico. Porém, sofrem com a falta de padronização e falhas de qualidade.

Os tijolos maciços, também chamados de tijolos comuns, podem ser usados na construção de paredes internas e externas.

Ao contrário dos tijolos maciços, os blocos cerâmicos apresentam furos (na horizontal ou na vertical). Esses vazios contribuem para a diminuição do peso da estrutura. Os blocos podem ser de vedação ou estrutural. Os elementos que dividem os blocos e formam os furos são chamados de septos.

A avaliação da qualidade destes materiais é feita a partir de exames dimensionais, ensaios de absorção e resistência à compressão e análise visual da homogeneidade.

4.2. Telhas

As telhas cerâmicas são largamente aplicadas na Brasil desde o período colonial, sendo encontradas em diferentes formas e dimensões.

A qualidade das telhas cerâmicas é definida por diversos parâmetros, tais como: regularidade de forma e dimensões, superfície sem rugosidade, absorção de água (cerca de 20% no máximo), grande impermeabilidade e resistência mecânica (Ribeiro et al., 2011).

Segundo o seu formato, podemos classificar as telhas em dois grupos: capa e canal e de encaixe.

As telhas colonial e paulista são exemplos de telhas capa e canal.

As telhas francesa, romana e termoplan são exemplos de telhas de encaixe.

Veja na próxima página exemplos de telhas.

Tipos de Telhas
CERÂMICAS

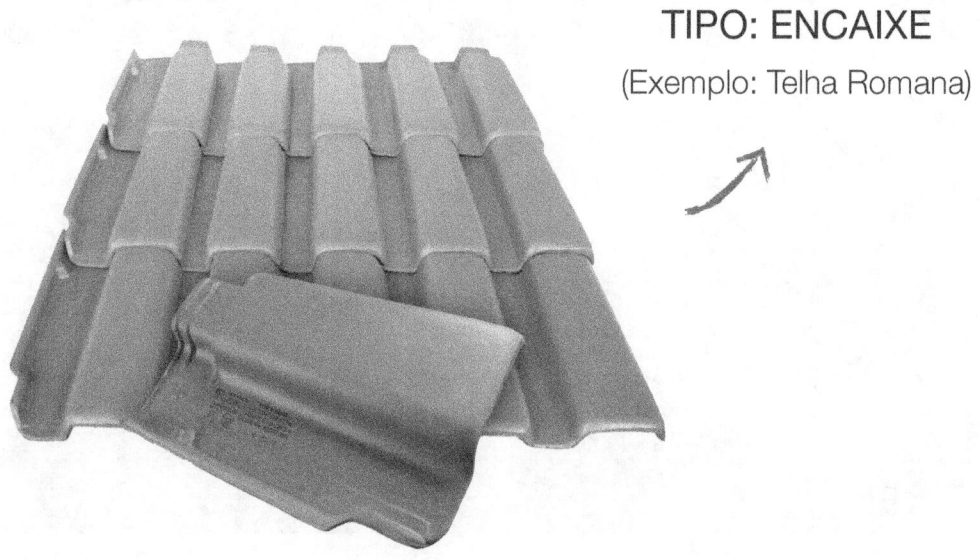

TIPO: ENCAIXE
(Exemplo: Telha Romana)

TIPO: CAPA E CANAL
(Exemplo: Telha Colonial)

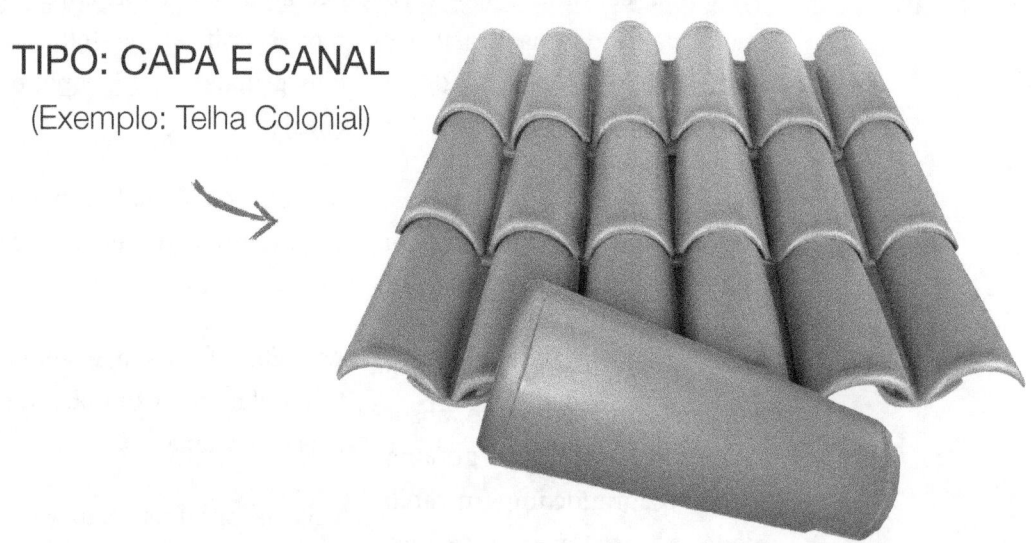

Foto: Canstock

Variedade de estampas de revestimento cerâmico

4.3. Revestimento

Atualmente, existe grande variedade de revestimentos cerâmicos. Alguns tipos podem imitar até madeiras e pedras.

Geralmente, o comércio classifica os produtos de acordo com o local de aplicação em: parede interna, parede externa, piso interno e piso externo. As placas cerâmicas para aplicação em parede são chamadas simplesmente de revestimentos.

Já as indicadas para aplicação no piso são denominadas de piso cerâmico.

Quando precisar comprar placas cerâmicas, você irá se deparar com uma enormidade variedade de tipos, preços e nomenclaturas diferentes. Neste tópico, você irá aprender as principais características, podendo, assim, diferenciar os produtos e escolher a melhor opção para cada situação.

4.3.1. Absorção de água

A principal propriedade de uma placa cerâmica é a sua absorção de água. Quanto menor a absorção, mais nobre é o revestimento. A absorção de água influi diretamente nas outras propriedades, tais como: resistência à mancha, resistência mecânica e resistência à abrasão.

Os revestimentos cerâmicos são classificados de acordo com a absorção em: porcelanato, grês, semigrês, semiporoso, poroso, azulejo e azulejo fino, conforme detalhado na próxima tabela.

Tipo	Absorção (%)	Carga de Ruptura (N)
Porcelanato	0 a 0,5	> 1.300
Grês	0,5 a 3	> 1.100
Semi-Grês	3 a 6	> 1.000
Semi-Poroso	6 a 10	> 800
Poroso	10 a 20	> 600
Azulejo	10 a 20	> 400
Azulejo Fino	10 a 20	> 200

No comércio, é comum a separação dos materiais em: placas cerâmicas e porcelanatos. No entanto, conforme visto na tabela anterior, o porcelanato é apenas um dos tipos de revestimento cerâmico. Para ser considerado porcelanato, o material deve apresentar absorção menor que 0,5%.

4.3.2. Resistência à mancha

Algumas cerâmicas são mais fáceis de limpar e tirar manchas do que outras.

A resistência à mancha indica a facilidade de limpeza das placas cerâmicas (limpabilidade). As placas cerâmicas dividem em cinco classes: 1- impossibilidade de remoção de manchas, 2- mancha removível com ácido; 3 - mancha removível com amoníaco; 4 - mancha removível com produto fraco (detergente); 5 - máxima facilidade de remoção de manchas.

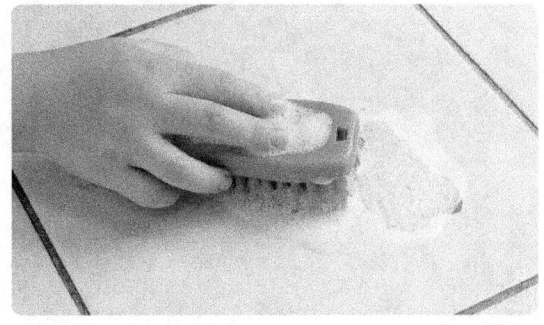

Fonte: Wikihow

4.3.3. Resistência Mecânica

Resistência mecânica é a propriedade da placa resistir às tensões impostas, sem se romper. Depende tanto do material quanto da espessura da placa.

4.3.4. Resistência à abrasão

Quando maior o fluxo de pessoas, maior deverá ser a resistência ao desgaste da placa cerâmica.

A resistência ao desgaste superficial em placas cerâmicas esmaltadas (PEI) indica a resistência ao desgaste de uma superfície esmaltada causada pelo tráfego de pessoas, contato com sujeiras abrasivas e movimentos de objetos. Esse parâmetro orienta onde a cerâmica pode ser aplicada, conforme mostrado na tabela.

Classe PEI	Res. ao Desgaste	Exemplo de ambientes
0	-	Desaconselhável para pisos
1	baixa	Banheiros e quartos de residências
2	média	Ambientes residências sem porta externa
3	média alta	Cozinhas residenciais, corredores e escritórios
4	alta	Estabelecimentos comerciais internos
5	altíssima	Áreas públicas de alto tráfego (shopping, aeroportos, escolas, etc.)

Veja a indicação do PEI na placa a seguir

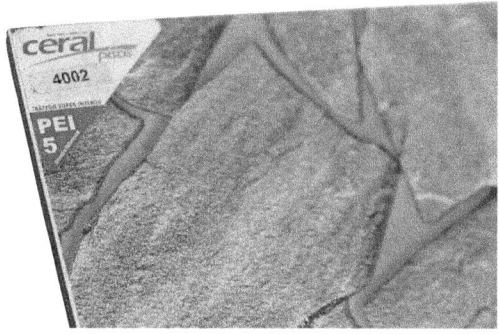

Foto: Leroy Merlin

O PEI é uma característica muito importante na hora de especificar o produto. A escolha de uma cerâmica com um PEI baixo para um ambiente de alto tráfego diminui muito a durabilidade do material.

O porcelanato apresenta PEI? Depende. O porcelanato técnico, como recebe decoração na própria massa, não apresenta PEI. Já o porcelanato esmaltado, como qualquer outra placa cerâmica esmaltada, deve apresentar a indicação do PEI.

4.3.5. Coeficiente de atrito

Quanto mais áspero e rugoso for o piso, maior será a sua resistência ao escorregamento, isto é, maior o coeficiente de atrito úmido (*COF*). A próxima foto mostra um exemplo de piso anti deslizante.

Foto: Elaboração própria

12

Metais

A Torre Eiffel, principal monumento turismo francês, foi construída em 1889 em estrutura metálica. A altura total da torre supera 300 metros.

Foto: Canstock

Por serem resistentes, versáteis e duráveis, os metais mudaram o curso da história humana. Os metais estão presentes em quase tudo que usamos. As aplicações são inúmeras, eles estão na torneira, nas lâminas de barbear, nos carros, aviões, nos talheres, na construção de arranha-céus e nas pontes. Neste capítulo, nós comentaremos algumas características dos metais, com ênfase no aço.

Foto: Canstock

Os metais apresentam um brilho característico

1. CONCEITOS BÁSICOS

Os metais são elementos caracterizados como bons condutores de eletricidade e calor, apresentam brilho "metálico" característico e, com exceção do mercúrio, são sólidos.

Apenas poucos tipos de metais são encontrados puros na natureza (ex. ouro), pois eles reagem facilmente com outros elementos químicos, formando compostos.

1.1. Minério e Jazida

Quando um mineral apresenta certa quantidade de metal no meio de impurezas, ele recebe o nome de <u>minério</u>. O lugar onde os minérios são encontrados em abundância é chamado de jazida. O Brasil, por exemplo, apresenta enormes jazidas de minério de ferro.

O homem pode formar várias ligas metálicas combinando elementos químicos diferentes

1.2. Ligas Metálicas

Dentre os vários materiais chamados como metais, a maioria é de fato uma liga metálica. Uma liga consiste da união de dois ou mais elementos químicos, dos quais pelo menos um é metal. O aço é um exemplo de liga metálica, sendo composto de ferro e carbono. O bronze é outro exemplo de liga metálica, sendo constituído de cobre e estanho.

1.3. Classificação

Os materiais metálicos podem ser classificados em ferrosos e não ferrosos. Os materiais ferrosos apresentam o ferro como um dos componentes da liga metálica, a exemplo do ferro fundido e do aço. Os materiais não ferrosos também são muito empregados, a exemplo, do alumínio, cobre, zinco, chumbo, titânio, entre outros.

Foto: Vale

O ferro não é achado puro na natureza, ele é encontrado na forma de minérios

Quando o ferro é exposto ao ar, ele oxida

2. FERRO

O processo de beneficiamento do ferro não é muito simples, por esse motivo demorou mais tempo para que a humanidade dominasse este conhecimento, o que aconteceu por volta de 3000 a.C.

2.1. Minério de ferro

O minério de ferro (óxido de ferro) é encontrado na forma de rochas, misturado a outros elementos, ou seja, com impurezas. A empresa brasileira Vale é uma das maiores produtoras de minério de ferro do mundo. O beneficiamento de minério de ferro (sinterização e pelotização) é feito para torná-lo apto para ser usado no alto forno das indústrias siderúrgicas.

Processo Manual de forjamento

2.2.2. Ferro forjado

O mais antigo predecessor do aço foi o ferro forjado. Antigamente, ele era formado aquecendo o minério de ferro até ficar incandescente, ou seja, até ficar vermelho, e então, era martelado, sob uma bigorna, até atingir a forma desejada. O ferro fundido era muito empregado para confeccionar espadas e armaduras. O metal não chegava a ser fundido, pois na época não era possível alcançar a temperatura de fusão do ferro.

Hoje em dia, na maioria dos casos, o processo de forjamento é feito de forma industrial por meio de impacto e prensagem. Na construção civil, o ferro forjado é pouco empregado.

O ferro forjado é praticamente puro, possuindo uma mínima quantidade de carbono, não maior do que 0,15%. É resistente e fácil de soldar.

O ferro gusa é uma liga de ferro com alto teor de carbono (cerca de 5%). É um material não soldável, quebradiço e duro

O ferro-gusa é empregado na fabricação do ferro fundido e do aço

2.2.3. Ferro gusa

Com o avanço da tecnologia, a humanidade conseguiu elevar a temperatura do minério de ferro até que ele pudesse ser fundido a cerca de 1500°C. Isso foi conseguido com a invenção do alto forno.

Depois da etapa de beneficiamento, o minério de ferro vai para o alto forno para ser transformado (etapa de redução) em ferro gusa.

Nesse processo, são utilizados o carvão mineral e o calcário. O carvão, na forma de coque, é o combustível utilizado. Já o calcário é empregado com fundente, auxiliando a separação do ferro gusa fundido da escória (impureza). A escória de alto forno é vendida como agregado e também para fábricas de Cimento Portland.

Detalhes da fase de redução, serão vistos no tópico fabricação do aço.

A *Ironbridge* foi a primeira ponte construída com ferro fundido (século XVIII)

2.2.4. Ferro fundido

O ferro fundido é obtido a partir da fundição do ferro gusa e extração de parte de seu carbono. Ele contém cerca de 1% a 3% de silício e 2,1% a 4,0% de carbono e em sua composição, diferente do aço que apresenta no máximo 2% de carbono.

Antes do advento do aço, o ferro fundido era o metal mais usado na construção de ferrovias, pontes e prédios. Ele tem uma alta resistência a cargas e à corrosão e pode ser moldado em diferentes formas. Porém, em função da grande quantidade de carbono em sua composição, o ferro fundido é duro e frágil, ou seja, é quebradiço. Além disso, ele não é tão maleável quanto o aço.

Embora o uso de aço seja predominante, o ferro fundido é empregado até os dias atuais na construção, principalmente, em tubos hidráulicos.

Ponte do Brooklyn (Nova Iorque)

3. AÇO

O aço é um material extraordinário, sendo aplicado em quase todos os setores. Na arquitetura e engenharia, ele revolucionou as obras de pontes, viadutos e edifícios, possibilitando feitos extraordinários.

A Ponte do Brooklyn que liga a ilha de Manhattan à ilha do Brooklyn, na cidade de Nova Iorque, é um exemplo das potencialidades do aço. Com uma extensão de 1,8 km, a Ponte do Brooklyn foi a primeira ponte de aço suspensa do mundo. A plataforma é sustentada por cabos.

Na construção civil, o aço é empregado em inúmeros produtos, tais como: aço para concreto armado, perfis metálicos, escoras metálicas, torneiras, grades, etc. Nesse texto, nós daremos ênfase aos dois primeiros exemplos citados.

Fonte: Canstock

3.1. Fabricação do Aço

Antes da década de 1850, o aço era muito caro, produzido apenas em pequenas quantidades. Com a introdução do processo Bessemer e o avanço da tecnologia no século 19, o aço se tornou viável economicamente, dando início a produção em larga escala.

O aço é uma liga de ferro carbono. A porcentagem de carbono é bem pequena, variando de 0% a 2%. Outros elementos químicos também podem ser adicionados, de forma obter propriedades adequadas ao uso específico.

Existem, basicamente, dois tipos de usinas siderúrgicas: integradas e semi-integradas.

As **integradas** reúnem três etapas básicas do processo siderúrgico: redução, refino e conformação mecânica (laminação e trefilação). Já as **semi-integradas** não apresentam a primeira etapa.

3.1.1. Fase de redução

A fase de redução compreende a transformação do minério de ferro, no alto forno, em ferro gusa, conforme mencionado brevemente no tópico 2.2.3. A seguir, veja outros detalhes do processo.

Antes de serem conduzidas ao forno, as matérias-primas do aço precisam ser tratadas ou beneficiadas. O minério de ferro é beneficiado na forma de sínter ou pelotas que apresentam propriedades físicas e químicas apropriadas para o uso no alto forno. Já o carvão mineral é aquecido a altas temperaturas, sem a presença de oxigênio, para ser transformado no coque. O coque, devido ao seu alto teor de carbono, é o combustível básico empregado para na fusão ("derretimento") do minério de ferro.

Após o beneficiamento, o minério de ferro (sob forma granular) e o coque são levados para o interior do alto forno. O carbono do coque funciona como combustível, sendo queimado com auxílio do oxigênio soprado, gerando uma grande quantidade de calor suficiente para tornar o metal líquido. Também são adicionados fundentes, como o calcário, para auxiliar a captura das impurezas do minério de ferro na forma de escórias. O resultado, após a passagem pelo forno, é o ferro gusa na forma líquida.

3.1.2. Fase de Refino

A fase de refino compreende a retirada do excesso de impurezas e carbono de forma a obter o aço. Esta etapa pode ser feita a partir do ferro gusa líquido ou por meio do ferro gusa solidificado e sucatas.

Nas usinas integradas, todas as etapas se localizam no mesmo complexo siderúrgico. Assim, o ferro gusa ainda no estado líquido pode ser transportado com auxílio de carros tanques até o conversor. Já nas usinas semi-integradas, como não realizam a fase de redução, a matéria-prima do aço é obtida por meio de uma proporção de ferro gusa sólido e sucata de aço. Essa matéria prima é fundida em fornos elétricos.

Para o refino da matéria fundida, independente do tipo de usina, é necessária a injeção de oxigênio. O oxigênio possibilita o aumento da temperatura para cerca de 1700 °C. Neste processo, o teor de carbono é reduzido para produzir o aço.

3.1.3. Conformação mecânica

Após o refino, o aço líquido é conduzido ao processo de lingotamento contínuo, onde passa por moldes de resfriamento, solidificando-se na forma de tarugos que serão cortados em dimensões adequadas para etapa de conformação mecânica (laminação e trefilação).

Produção do Aço
Usinas Integradas

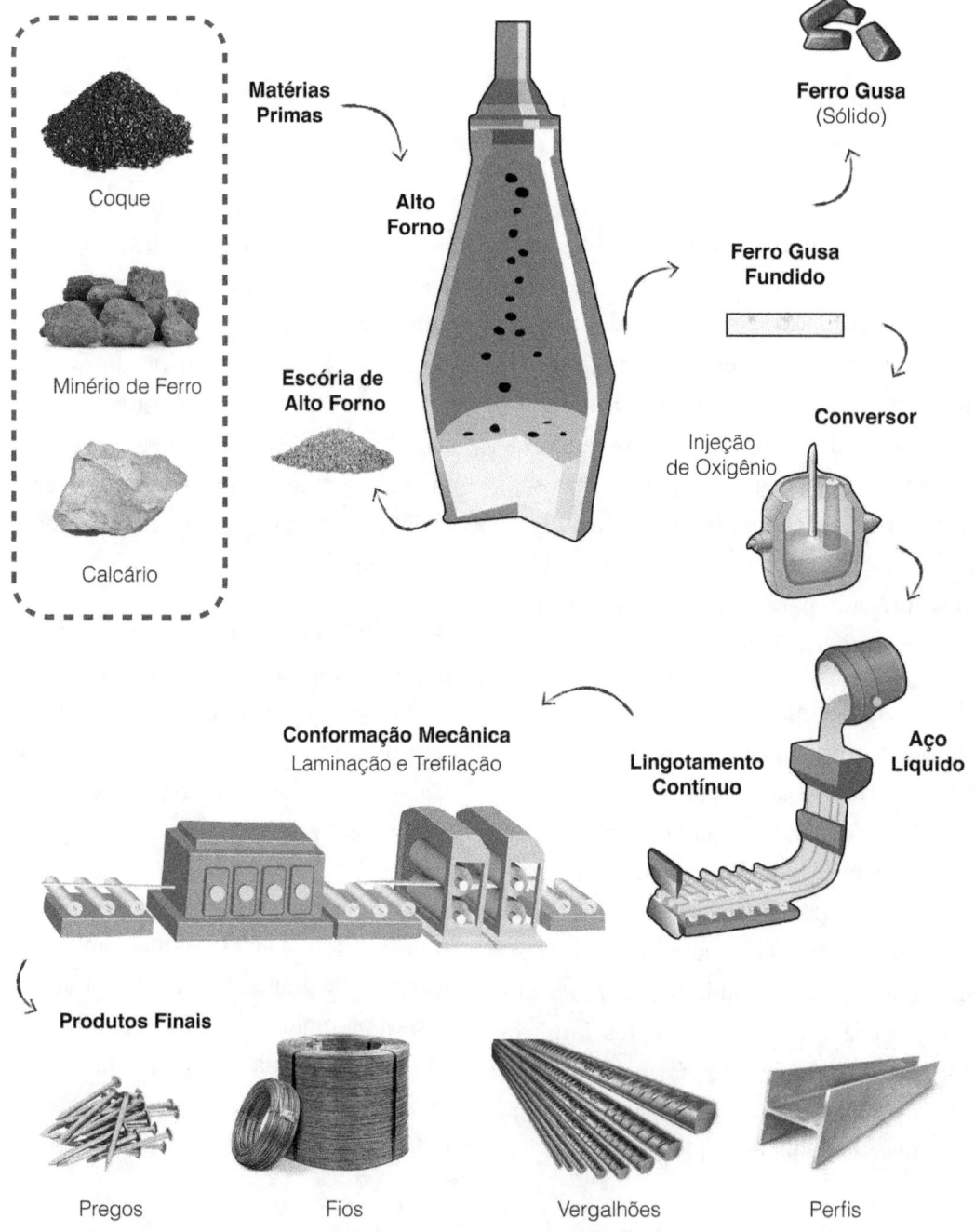

Coque

Minério de Ferro

Calcário

Matérias Primas

Alto Forno

Escória de Alto Forno

Ferro Gusa (Sólido)

Ferro Gusa Fundido

Conversor

Injeção de Oxigênio

Aço Líquido

Lingotamento Contínuo

Conformação Mecânica
Laminação e Trefilação

Produtos Finais

Pregos

Fios

Vergalhões

Perfis

Diagramação: Elaboração própria

3.2. Estrutura de Aço

No setor da construção, os perfis de aço podem ser empregados para confecção de estruturas metálicas. Este método construtivo ainda é pouco intenso no Brasil.

As vantagens das estruturas metálicas, em comparação as estruturas de concreto armado, são: maior agilidade na execução dos serviços, vãos maiores, maior resistência, menor sobrecarga sobre a fundação, entre outras. Por outro lado, o sistema também apresenta desvantagens, tais como: exigência de mão de obra mais especializada, maior custo (em geral), necessidade de tratamento contra corrosão e menor flexibilidade na execução de formas diferenciadas.

A escolha do sistema construtivo deve envolver uma análise de custo benefício. Em alguns casos, o melhor será o aço e, em outros, o concreto armado.

3.3. Aço para Concreto Armado (CA)

O concreto resiste bem à compressão e pouco à tração. Desta forma, o concreto simples não é aplicado em estruturas. Em virtude disso, são incorporadas barras de aço, também chamadas de vergalhões, formando o concreto armado.

A armadura do concreto é vulgarmente chamada nas obras de ferragem. Embora o termo não seja o mais adequado, pois o material empregado não é o ferro, e sim, o aço.

O aço e o concreto combinam muito bem. Os dois apresentam coeficientes de dilatação térmica muito próximos. Assim, em dias quentes, eles expandem similarmente. Além disso, o concreto, quando bem executado, protege o aço contra o intemperismo, minimizando a ocorrência de oxidação no aço.

Barra de aço antes do ensaio de tração

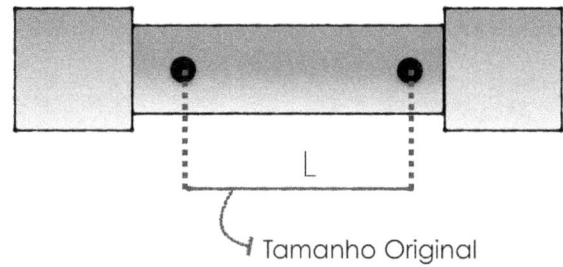

Deformação no momento da ruptura

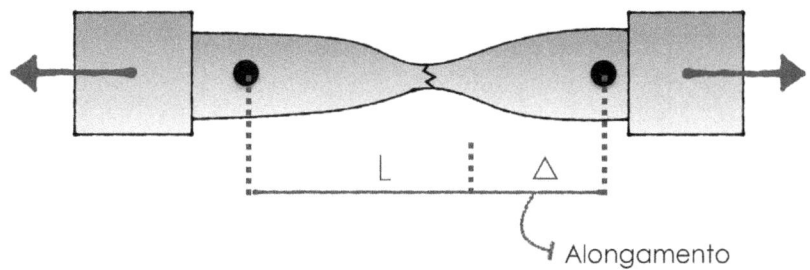

Fonte: Elaboração própria

Ensaio de tração (esquema simplificado)

3.3.1. Ensaio de tração

Conforme mencionado no capítulo Conceitos Básicos, o aço é um material dúctil, ou seja, se deforma muito no momento da ruptura. Para sabermos exatamente o quanto cada tipo de aço suporta de carga e quanto se deforma, nós fazemos o ensaio de tração.

O ensaio consiste em tracionar uma barra (corpo de prova) até o momento de sua ruptura.

Analisando a figura acima, você pode perceber que ao ser tracionada, a barra é alongada, porém diminui de seção no centro.

Além do ensaio de tração, outros ensaios podem ser executados, a exemplo do ensaio de dobramento.

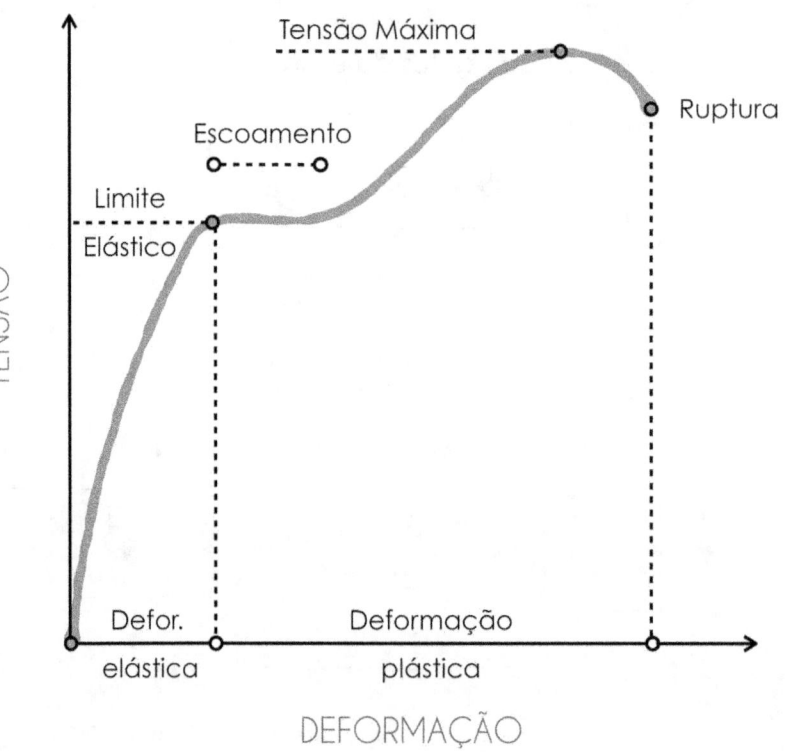

Fonte: Elaboração própria

3.3.2. Tensão deformação

O ensaio de tração permite que seja desenhado o diagrama tensão deformação.

O limite de escoamento, também chamado de limite elástico, é a tensão máxima que o material suporta ainda no regime elástico de deformação. Após este valor, o material começa a sofrer deformações plásticas (permanentes).

Logo após o limite elástico, alguns aços se alongam de forma muito rápida, sem que seja alterada a tensão aplicada (zona de fluência ou escoamento).

No gráfico, podemos ver que a tensão máxima ocorre antes da ruptura do material.

Em função do limite de escoamento, o aço pode ser classificado em várias classes, conforme será mostrado no próximo tópico.

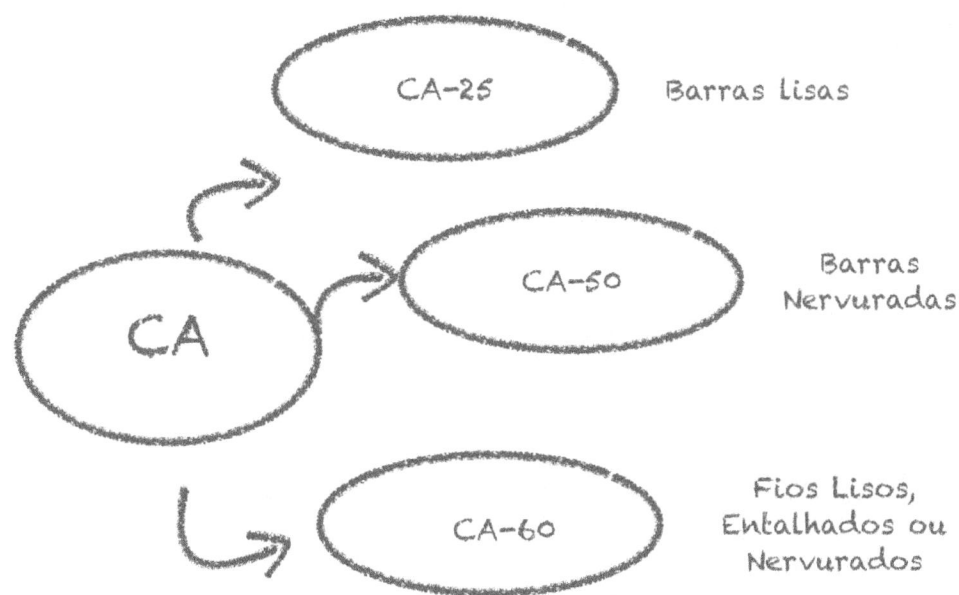

Fonte: Elaboração própria

Classes de aço para concreto armado (CA)

3.3.3. Classificação

Os aços para concreto armado (CA) são classificados em função seu processo de fabricação e de sua resistência ao escoamento (medida no ensaio de tração).

As barras de aço são classificadas nas categorias **CA-25** (250 MPa) e **CA-50** (500 MPa), enquanto os fios de aço são agrupados na categoria **CA-60** (600 MPa).

Barras: são os produtos de diâmetro nominal igual ou superior a 6,3 mm, obtidos exclusivamente por laminação à quente.

Fios: são os produtos cujo diâmetro nominal é igual o inferior a 10 mm, obtidos por meio de trefilação ou laminação a frio. Lembre-se: todo o CA-60 é denominado de fio.

Foto: Canstock

Detalhe das nervuras na barra de aço

3.3.4. Nervuras

O emprego de nervuras transversais oblíquas nas barras aumenta a aderência do concreto ao aço.

A **aderência** é a propriedade que impede que ocorra o escorregamento da barra de aço em relação ao concreto que a envolve, possibilitando que os dois materiais trabalhem em conjunto.

A transferência de esforços entre o concreto e o aço só é possível devido à aderência entre eles.

As barras de CA-50 são obrigatoriamente providas de nervuras transversais. Enquanto as barras de CA-25 são necessariamente lisas. Já os fios de CA-60 podem ser lisos, entalhados ou nervurados.

A oxidação só pode ser admitida se for apenas superficial, conforme mostrado na foto

3.3.5. Inspeção

As barras e os fios de aço destinados a armaduras de concreto armado devem ser isentos de defeitos prejudiciais, tais como: esfoliação, corrosão, redução de seção e manchas de óleo.

Porém, de acordo com a NBR 14.931, armaduras levemente oxidadas por exposição ao tempo em ambientes de agressividade fraca a moderada, por períodos de até três meses, sem produtos destacáveis e sem redução de seção, podem ser empregadas.

3.3.6. Fornecimento

As barras e fios retos de aço devem ser fornecidas no comprimento de 12 m, salvo outro tamanho acordado entre o fornecedor e o consumidor. A compra do aço pode ser feita em massa ("peso") ou por peça. Veja na próxima tabela o peso linear de algumas barras e fios.

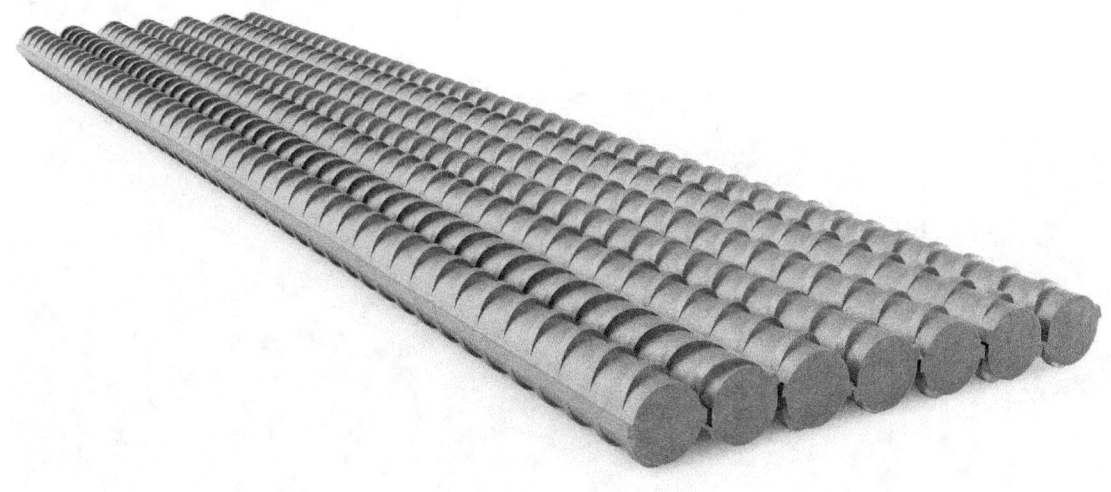

Os aços podem ser comprados em massa. Para isso é importante que você conheça a massa por metro linear de aço

Massa linear das barras

Diâmetro Nominal (mm)	Massa Nominal (kg/m)
6,3	0,245
8	0,395
10	0,617
12,5	0,963
16	1,578
20	2,466
22	2,984
25	3,853
32	6,313

Adaptado de: NBR 7480

Massa linear dos fios

Diâmetro Nominal (mm)	Massa Nominal (kg/m)
2,4	0,036
3,4	0,071
3,8	0,089
4,2	0,109
5,0	0,154
6,0	0,222
7,0	0,302
8,0	0,395
9,5	0,558
10,0	0,617

Adaptado de: NBR 7480

Foto: Canstock

O cobre é um ótimo condutor de eletricidade

4. METAIS NÃO FERROSOS

Neste tópico, comentaremos de forma sucinta alguns metais não ferrosos.

4.1. Cobre

O cobre é um material fácil de soldar e muito maleável, sendo provavelmente, o primeiro metal trabalhado pelo homem. O cobre, além de ser resistente à corrosão, conduz bem o calor e a eletricidade. Devido a estas características, é muito aplicado em tubulações de água quente, instalações de ar condicionado e na confecção de fios elétricos.

O cobre pode ser combinado com outros materiais para a formação de ligas metálicas, tais como: o latão e o bronze. O bronze (liga de estanho e cobre) é tão importante que uma época da história foi marcada com o seu nome.

O alumínio é um metal leve e resistente à corrosão

4.2. Alumínio

O alumínio, assim como o aço, está presente em quase todos os setores da indústria, desde da fabricação de latinhas de refrigerante, até a produção dos mais modernos aviões. Na construção civil, o alumínio é utilizado em esquadrias, telhas e estruturas metálicas.

O alumínio apresenta várias vantagens, tais como: alta durabilidade, resistência à corrosão, versatilidade de formatos, entre outras.

As estruturas metálicas de alumínio são mais leves dos que as estruturas usuais de aço, concreto e madeira. Sua massa específica é cerca de 3 vezes menor do que a do aço.

O alumínio é um material 100% reciclável, contribuindo para a sustentabilidade do ambiente.

O alumínio oxida mais rapidamente que o ferro. Porém, o produto da oxidação é impermeável e aderente. A película formada pelo óxido de alumínio protege o interior do metal de oxidações posteriores, dificultando a continuidade do processo de corrosão.

A principal desvantagem do emprego de alumínio é a sua menor resistência, quando comparado ao aço. Desta forma, o alumínio não pode ser utilizado em estruturas metálicas que suportam grandes cargas.

Outra desvantagem do alumínio é baixo grau de isolamento térmico. As esquadrias de PVC apresentam um melhor isolamento contra a ação do calor.

13

Vidros

A luz solar introduzida pelo emprego de vidros valoriza o ambiente e reduz o consumo energético com a iluminação artificial.

Foto: Canstock

O vidro é um material largamente empregado no setor da construção civil, sendo utilizado em portas, janelas, divisórias, sacadas, guarda-corpos, fachadas e coberturas.

Neste capítulo, nós vamos comentar um pouco sobre esse material fantástico. Você aprenderá como ele é fabricado e quais são as propriedades dos diferentes tipos de vidros empregados em edificações.

Casa Shaw

A CASA COM PISCINA NO TETO

Atualmente, o vidro permite soluções arquite-tônicas diferenciadas, a exemplo da Casa Shaw (*Shaw House*), desenhada por uma agência canadense de arquitetura (Patkau Architects) em Vancouver. A casa apresenta uma piscina de vidro no teto.
(*Fonte: Patkau Architects*)

**Oceanografic,
construído com
painéis de vidro
(Valência, Espanha)**

1. INTRODUÇÃO

Há milhares de anos, o homem descobriu que ao juntar areia quente com cinzas era possível obter um material transparente, que hoje chamamos de vidro.

Atualmente, o vidro é um dos materiais mais aplicados pelo homem, seu uso vai desde copos, garrafas até vidros à prova de balas. Na construção civil, o vidro confere modernidade e beleza às edificações.

O vidro é um exemplo de material amorfo, ou seja, não é configurado nem como sólido, nem líquido, nem gasoso. Ele mantém uma rigidez semelhante a dos sólidos, porém suas moléculas são arranjadas de forma desordenadas, semelhante ao que caracteriza os líquidos. A estrutura amorfa do vidro é responsável por sua transparência.

Fonte: Aleksik, I.

O principal componente do vidro é areia (sílica)

2. COMPOSIÇÃO

O principal componente do vidro é a sílica proveniente da areia. A *sílica* quando aquecida em alta temperatura se derrete (funde), formando um material viscoso que é a base do vidro.

Porém, outros ingredientes devem ser adicionados, tais como: o carbonato de sódio, a cal e os pigmentos metálicos.

O carbonato de sódio é um aditivo que minimiza o ponto de fusão da mistura e reduz a viscosidade, facilitando o processo e reduzindo o custo energético.

A cal estabiliza a mistura e aumenta a sua durabilidade.

Os pigmentos metálicos proporcionam coloração ao material.

3. FABRICAÇÃO DO VIDRO COMUM

O processo de fabricação é composto de várias etapas. As matérias-primas granuladas são misturadas na dosagem definida pelo fabricante. Em seguida, os materiais são colocadas em um forno, onde são fundidas.

O vidro fundido é despejado de forma contínua sobre um tanque de estanho líquido. Como a densidade do estanho é maior, o vidro flutua sobre o berço de estanho. A espessura é controlada pela velocidade com que a folha de vidro é deslocada. A medida que avança, o vidro se solidifica. Após o resfriamento, o vidro passa por superfícies polidas e paralelas.

4. RADIAÇÃO SOLAR

Quando a radiação solar atinge a superfície do vidro, parte passa, parte reflete e parte é absorvida pelo material.

Além da radiação transmitida direta, parte da energia absorvida pelo vidro se retransmite para o cômodo, gerando calor, enquanto outra parte é devolvida para o exterior.

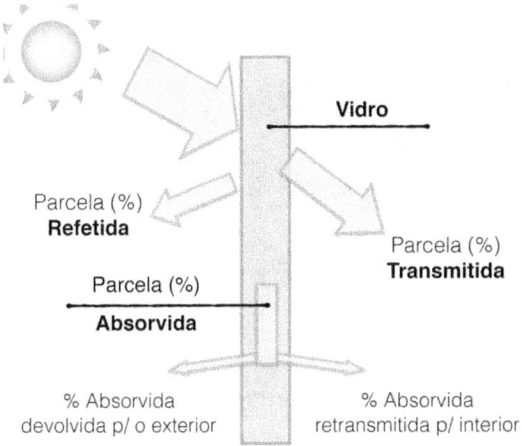

Fonte: Elaboração própria

Exemplo hipotético: dos 100% de radiação solar que atinge o vidro, 10% é refletida, 85% é transmitida direta e 5% é absorvida.

5. TIPOS DE VIDRO

5.1. Vidro Comum

O vidro comum (*float*) não recebe nenhum tipo de tratamento especial. É um material muito duro, porém frágil, ou seja, é pouco resistente ao choque. Pode ser empregado nas mais diversas aplicações, sendo o vidro mais utilizado no setor de construção civil.

O vidro comum também é empregado como matéria prima na produção dos demais tipos de vidro.

5.2. Vidro Temperado

Para a têmpera, o vidro comum é aquecido, e então, resfriado de forma rápida em toda a superfície da chapa.

O tratamento térmico aumenta bastante a resistência do vidro à flexão e ao choque. Isso ocorre devido às tensões internas de compressão e tração que são geradas no material. A parte exterior do vidro fica sujeita a tensões de compressão e o seu miolo fica submetido à tração.

A têmpera não afeta outras propriedades do vidro, tais como: transparência, coloração e absorção de calor. No entanto, por conta de uma pequena alteração de curvatura, o vidro temperado pode apresentar certa distorção, perceptível sob determinadas condições de iluminação.

Após o tratamento, a chapa de vidro não deve ser cortada e nem furada, pois estes processos podem aliviar as tensões internas, fazendo que o vidro se despedace de forma abrupta. Qualquer dano pode provocar estilhaçamento total da peça.

5.3. Vidro Colorido

O vidro pode ser colorido com a adição de pigmentos metálicos durante a fabricação. As cores mais comuns são a cinza e o verde-azulado. O vidro colorido absorve mais calor do que o comum, reduzindo a transmissão de direta de calor sobre o cômodo.

5.4. Vidro Refletivo

O vidro refletivo, chamado popularmente, de espelhado, é produzido com a adição de uma camada de revestimento metálico em uma de suas faces. O revestimento é extremamente fino, suficiente para permitir a passagem de luz para o interior, porém o grau de visibilidade fica um pouco reduzido.

Durante o dia, o vidro refletivo funciona como um espelho para o lado exterior, escondendo o que ocorre no interior da edificação. À noite, quando o ambiente interior é iluminado, o vidro se torna transparente para o público externo.

O vidro refletivo apresenta uma série de vantagens. Este tipo de vidro pode reduzir em até 80% a passagem de calor por radiação para o ambiente interno, melhorando o conforto de forma considerável e minimi-

zando o consumo de energia elétrica pelos sistemas de ar condicionado e iluminação artificial.

Além disso, o aspecto refletivo acrescenta beleza a superfície, sendo muito empregado em fachadas de edifícios residenciais e comerciais. Como exemplo, veja a fachada da PGR em Brasília.

Foto: Elaboração própria

A revestimento refletivo pode ser aplicado na face interior ou exterior do vidro. A aplicação na face exterior é mais eficiente, pois reduz pela metade o calor que é absorvido.

O vidro refletivo apresenta algumas desvantagens. Reduz o grau de visibilidade interno. Reflete radiação solar sobre os ambientes vizinhos. Pode ofuscar a vista de motorista e pedestres que passam pelos arredores da construção. A título de exemplificação, veja a seguir um prédio que apresentou este tipo de problema.

Caso: "Prédio que derrete carro"

Para ilustrar alguns problemas que podem ocorrer, vamos comentar sobre um arranha-céu de 37 andares, construído em Londres, que recentemente ficou famoso por ter provocado a queima parcial de um carro de luxo estacionado na sua vizinhança.

Para conceder um ar grandioso ao prédio, a fachada superior do edifício *"20 Fenchurch Street"* (apelidado de *Walkie Talkie*) foi concebida de forma curva. No entanto, um detalhe mal pensado do projeto causou sérios danos. Os vidros espelhados em formato curvo, em determinado horário do dia, passaram a refletir a luz do sol de forma concentrada sobre as ruas adjacentes.

Além de ofuscar a vista, o prédio começou a provocar o derretimento do asfalto, produtos expostos nas vitrines e até partes de automóveis estacionados. O assunto virou notícia mundial depois que um Jaguar apareceu parcialmente derretido e deformado.

Crédito: Daily Mail/UK

Um jornalista inglês provou que a alta temperatura gerada pelo edifício permitia até fritar um ovo em plena calçada.

Crédito: L. Nealleon/AFP

Crédito: A. Scofield/UK

5.5. Vidro Laminado

O vidro laminado consiste, basicamente, de duas camadas de vidro fortemente interligadas, sob calor e pressão, por uma camada de plástico. Qualquer tipo de vidro (comum, colorido, temperado, etc.) pode ser empregado para produzir o vidro laminado.

No caso de um impacto, a superfície de vidro pode quebrar, porém tende a não se separar do filme plástico, reduzindo o perigo de cortes com os cacos de vidro.

A laminação também melhora o isolamento acústico do vidro em função da espessura da camada intermediária.

Outra vantagem desse tipo de vidro é que o plástico bloqueia boa parte da radiação ultravioleta.

O vidro laminado é utilizado na construção civil em diversos produtos, tais como: portas, janelas, divisórias, sacadas, guarda-corpos, fachadas e coberturas.

5.6. Vidro Insulado

O vidro insulado, também denominado de duplo, consiste de duas placas de vidro com um espaço entre elas.

O espaço entre os vidros, ocupado por ar ou outro gás seco, funciona como um isolante térmico e acústico. Esta camada é selada de forma dupla.

Uma grande vantagem é que a formação do vidro insulado (duplo) pode se dar a partir de qualquer tipo de vidro. Assim, é possível combinar vidros de propriedades distintas, como por exemplo, a resistência dos temperados com habilidade de reflexão dos espelhados. Em função dessa versatilidade, os vidros insulados podem ser aplicados em uma larga variedade de situações.

5.7. Vidro Resistente ao Fogo

Os vidros usuais não são resistentes ao fogo. Porém, é possível fabricar vidros especiais que apresentam este tipo de segurança.

Existem dois tipos básicos: o antichamas e o corta-fogo. O vidro antichamas tem função de bloquear o fogo, atuando como barreira física, ele impede que as chamas e os gases se alastrem de um ambiente ao outro. Já o corta-fogo, além de bloquear as chamas e gases, também permite uma "vedação" térmica, ou seja, evita a passagem excessiva do calor, por um determinado período. (Abravidro)

Consideração Final . . .

"A alegria que se tem em pensar e aprender faz-nos pensar e aprender ainda mais"
Aristoteles

Foto: Canstock

Chegamos ao fim desta pequena jornada de introdução ao estudo de Materiais de Construção. Espero que você tenha aprendido bastante e, principalmente, tenha gostado de estudar a respeito do assunto.

"Feliz é a pessoa que acha sabedoria e que consegue compreender as coisas, pois isso é melhor do que a prata e tem mais valor do que o ouro."

Bíblia
Provérbios 3: 13-14

Foto: Canstock

Referências

REFERÊNCIAS

ABRAVIDRO. Vidro Resistente ao Fogo. Disponível em: < www.abravidro.org.br/ Acesso em: 05 maio 2015

ALMEIDA, L. L. Patologias em revestimento cerâmico de fachada. Monografia de especialização em Construção de Edifícios. UFMG. Belo Horizonte: 2012.

AOKI, J. Fibras de diversos tipos e composições ajudam a reforçar características importantes para o concreto. 2010. Disponível em: <www.cimentoitambe.com.br/ fibras-para-concreto>. Acesso em: 10 abr. 2015.

ARAÚJO JR., J. M. Contribuição ao estudo das propriedades físico-mecânicas das argamassas de revestimento. Dissertação (Mestrado). Universidade de Brasília. Brasília, 2004

ARCHPRODUTCS. *Drainbeton Pervious Concrete for road pavings*. Disponível em:<www.archiproducts.com/en/ products/69845/pervious-concrete-for-road-pavings-drainbeton-betonrossi.html>. Acesso em: 20 ago. 2015.

ASSOCIAÇÃO BRASILEIRA DE NORMAS TÉCNICAS. NBR 6118: Projeto de estruturas de concreto — Procedimento. Rio de Janeiro: ABNT, 2014.

____. NBR 7211: Agregados para concreto - Especificação. Rio de Janeiro: ABNT, 2019.

____. NBR 7480: Aço destinado a armaduras para estruturas de concreto armado - Especificação. Rio de Janeiro: ABNT, 2007.

____. NBR 12655 : Concreto de cimento Portland - Preparo, controle, recebimento e aceitação - Procedimento. Rio de Janeiro: ABNT, 2015.

____. NBR 13749: Revestimento de paredes e tetos de argamassas inorgânicas — Especificação. Rio de Janeiro: ABNT, 2013.

____. NBR 14931: Execução de estruturas de concreto - Procedimento. Rio de Janeiro: ABNT, 2004.

____. NBR 15900-1 : Água para amassamento do concreto — Parte 1 - Requisitos. Rio de Janeiro: ABNT, 2009.

BAUTECH. *Reinforcing Fibres*. Disponível em: <www.bautech.eu/en/products/reinforcing-fibres-for-making-floor/reinforcing-fibres-for-making-floor.html>. Acesso em 10 ago. 2015.

BENGSTON, J. Licença Creative Commons. Disponível em: <www.flickr.com/photos/jonasb/9686732> Acesso em: 10 abr. 2015.

BERNUCCI, L. B., et al. Pavimentação Asfáltica. Rio de Janeiro: Petrobras, 2006. 504p.

BOTELHO, M. H. C.; MARCHETTI, O. Concreto armado, eu te amo. Vol. 1. 6a ed. São Paulo: Blucher, 2010. 507p.

CARASEK, H. Aderência de argamassas a base de cimento Portland a substratos porosos – Avaliação dos fatores intervenientes e contribuição ao estudo do mecanismo da ligação. Tese (Doutorado). 265 p. USP. São Paulo: 1996.

CEMENTLAB. Disponível em: <www.cementlab.com/cement-art.htm>. Acesso em 01 jun. 2015.

CERÂMICAS TELHAS SALINAS. Disponível em: <www.ceramicatelhassalinas.com/> Acesso em 01 jun. 2015.

CIMENTOS ITAMBÉ. Disponível em: <www.cimentositambe.com.br>. Acesso em 01 jun. 2015.

DAVID ILIFF. *The restaurant of L'Oceanografic in Valencia, Spain as viewed from across the water*. Disponível em: <commons.wikimedia.org>. Acesso em 14 ago. 2015.

DISD. *Translucent Concrete*. Disponível em: <www.disd.edu/ blog/translucent-concrete>. Acesso em: 14 ago. 2015.

DNER (DEPARTAMENTO NACIONAL DE ESTRADAS DE RODAGEM). DNER-EM-038/97. Agregado miúdo para concreto de cimento. Rio de Janeiro: 1997

EDILLAME. Betoneiras. Disponível em: <www.edillame.com/>. Acesso em 01 jan. 2016.

EQUIPEMENT WORD. Disponível em: <www.equipmentworld.com>. Acesso em: 21 maio 2015.

FALCÃO BAUER, L. A. Materiais de Construção, Volumes 1 e 2, Rio de Janeiro: Editora LTC, 2005.

FIGUEIREDO, A. D.; HELENE, P. R. L. Concreto projetado: o controle do processo de projeção. São Paulo: EPUSP, 1993.

GONÇALVES, S. R. C. Variabilidade e fatores de dispersão da resistência de aderência nos revestimentos em argamassa - Estudo de Caso. Dissertação (Mestrado). Universidade de Brasília. Brasília, 2004.

GUIA WEBER. Edições 2011 e 2013. Versão de Portugal. Disponível em www.weber.com.pt. Acesso em: 04 de jan. 2014.

HALYPS CEMENT. Disponível em: <www.halyps.gr>. Acesso em 10 abr. 2015.

HARNEIS, J. Disponível em: <https://www.flickr.com/photos/julien_harneis>. Acesso em 10 jan. 2016.

HERVÉ NETO, E. Como as novas tecnologias do concreto transformam o impacto das exigências normativas em benefícios técnico-econômicos para as estruturas de concreto. Revista Concreto e Construções. Edição 49. Mar. 2008.

HIWTC. *Truck Mounted Concrete Pump*. Disponível em: *<http://www.hiwtc.com>. Acesso em: 14 ago. 2015.*

HOWLEY, C. *Pan Tiles*. Disponível em: <www.flickr.com/photos/ckhowley/>. Acesso em: 05 maio 2015

ITAIPU BINACIONAL. Disponível em: <www. itaipu.gov.br>. Acesso em 14 ago. 2015.

ITALCEMENTI GROUP. *I light. Transparent Cement*. Disponível em:<www.italcementigroup.com>. Acesso em 14 ago. 2015.

IVAN ALESKSIC. Disponível em: <www.flickr.com/photos/sroown/797820971>. Acesso em: 05 ago 2015.

JAMES J. Creative Commons. Disponível em: <www.flickr.com/photos/jsjgeology/> Acesso em: 05 maio 2015.

JASON SMITH. *Ironbridge.*. Imagem disponível em:< commons.wikimedia.org/wiki/File: Ironbridge002.JPG>. Acesso em 25. mai. 2015.

JJ HARISSON. *A permeable paver demonstration*. Imagem disponível em: <commons.wikimedia.org/wiki/File:Permeable_paver_demonstration.jpg>. Acesso em 25. mai. 2015.

KASHIYANI, B. K.; RAINA, V. PITRODA, J. SHAH, B. *A study on Transparent Concrete*. Inernational Journal of Engineering an Innovative Technology (IJEIT), Volume 2, Issue 8, February, 2013.

MÃOS À OBRA PRO. Guia do Profissional da construção. Disponível em: <maosaobra.org.br/videos/> Acesso em: 04 de jan. 2014.

MÃOS À OBRA. Dicas importantes para você construir ou reformar a sua casa. Disponível em: <www.lafarge.com.br/M_OBRA_sem_logo.pdf>. Acesso em 04 de jan. 2014.

MDC. Revista de Arquitetura e Urbanismo. Licença Creative Commons. Disponível em: <http://mdc.arq.br/2010/12/07/fundacao-ibere-camargo-porto-alegre-rs/attachment/042/>. Acesso em 20 ago. 2015.

MEHTA, M.; SCARBOROUGH, W. ARMPRIEST, D. *Building Construction: Principles, Materials, & Systems* (2nd Edition). 2012.

MEHTA, P. K; MONTEIRO, P. J. M. Concreto: Microestrutura, propriedades e materiais. 3a. Edição. São Paulo: Ibracon, 2008.

MINERAÇÃO SANTIAGO. Disponível em: <www.mineracaosantiago.com.br>. Acesso em: 05 maio 2015.

MTA. *Second Avenue Subway: 96th Street*. Disponível em:<www.flickr.com/photos/mtaphotos/15150045085>. Acesso em 4 jan. 2016.

NEVILLE, A. M; BROOKS, J.J. Tecnologia do Concreto. 2a. Edição. Tradução Ruy Alberto Cremoni- ni. Editora Bookman. Porto Alegre: 2013.

PATCKAU ARCHITECTS. House Shaw. Disponível em: < www.patkau.ca/>. Acesso em: 05 maio 2015

PILKINGTON. Disponível em: < www.pilkington.com/>. Acesso em: 05 maio 2015.

PMET. Pittsburgh Mineral Envoronment Technology. Disponível em: <www.pmetlabservices.com>. Acesso em: 05 maio 2015.

RIBEIRO, C. C.; PINTO, J.D.; STARLING, T. Materiais de Construção Civil. 3a Edição. Belo Horizonte: Editora UFMG, 2011,

SILVA., F. G. S. Proposta de metodologias experimentais auxiliares à especificação e controle das propriedades físico-mecânicas dos revestimentos em argamassas. Dissertação. Universidade de Brasília. Brasília, 2006

SNIC. Sindicato Nacional da Indústria do Cimento. Relatório Anual 2013. Disponível em: < www.snic.org.br/pdf/ RelatorioAnual201 3final.pdf>. Acesso em 30 mar. 2015.

US. NAVY. Concrete Curing. Disponível em: < commons.m.wikimedia.org/>. Acesso em: 30 mar 2015.

USS. Disponível em: <usstn.com> Acesso em 10 abr. 2015.

VALE. Minério de Ferro e Pelotas. Disponível em: <www.vale.com>. Acesso em: 04 de jan. 2015.

YUYA ENGINEERS. Engineered Cementitious Composite (ECC) - the bendable concrete. Disponível em: <www.yuvaengineers.com/engineered-cementitious-composite-ecc-the-bendable-concrete>. Acesso em: 10 ago. 2015.

Crédito das Imagens licenciadas

Para ilustrar o livro, foram obtidas licenças de permissão de uso do banco de imagem © CanStock Photos;. As imagens foram citadas ao longo do texto.

A imagens que ilustram a capa e a contracapa também são provenientes da ©CanStock Photos.

www.ingramcontent.com/pod-product-compliance
Lightning Source LLC
Chambersburg PA
CBHW080654190526
45169CB00006B/2109